ANALYSES

ET PROPRIÉTÉS

DES

NOUVELLES EAUX

DE PASSY.

ANALYSES CHIMIQUES *DES NOUVELLES EAUX* MINÉRALES, *VITRIOLIQUES, FERRUGINEUSES,*

DECOUVERTES A PASSY DANS la Maison de Madame DE CALSABIGI.

AVEC

LES PROPRIETÉS MEDICINALES de ces mêmes Eaux, fondées sur les Observations des Médecins & Chirurgiens des plus célébres, dont on rapporte les Certificats authentiques.

Par Mr Venel et Bayen

M. DCC. LVII.

AVERTISSEMENT.

Ces nouvelles Eaux Minérales n'ont aucun rapport avec celles des deux ſources qui ſont déja connues ſous le nom d'Eaux de Paſſy. On verra quelle en eſt la nature par les trois Analyſes Chimiques qui avoient déja paru en 1755, & qu'on a fait réimprimer ici, avec l'Extrait du Journal des Sçavans du mois d'Octobre de la même année, où l'on apprécioit ces Analyſes & où l'on annonçoit tous les avantages que la Médecine pourroit retirer de cette découverte.

Ces Eaux ſont en effet uniques dans leur genre & par la qualité des principes qu'elles contiennent, & par la quantité qu'elles réuniſſent de ces minéraux, ou par leur richeſſe. Elles ſont à peu près de la même nature & de la même efficacité que les Eaux de Spa lorſqu'on les a étendues dans quatre fois autant d'eau ſimple ; & c'eſt en les adouciſſant ainſi qu'on commence à en faire uſage, afin de s'y accoutumer peu à peu. Ainſi les Médecins preſcrivent d'abord de mêler un verre de ces eaux avec quatre ou même cinq verres d'eau ſimple ; en obſervant d'augmenter la doſe de ces Eaux Minérales juſques au tiers, à la moitié, ou même au deux tiers de l'eau commune, ſuivant le caractére de la maladie, le tempérament du malade & l'effet qu'il en éprouve. Il y a quelques perſonnes qui les ont priſes toutes pures, telles qu'elles ſortent de la ſource, & qui n'en ont été que plutôt guéries ſans qu'il en ſoit réſulté aucun inconvénient ; mais ces cas ſont rares, & on ne doit les employer ainſi qu'avec beaucoup de précaution. On peut prendre pendant la matinée juſques à deux pintes de ces eaux adoucies, comme nous l'a-

vons dit ; mais la quantité qu'on doit en boire ne peut être déterminée que ſuivant les circonſtances particuliéres où ſe trouve le malade.

Les propriétés de ces Eaux Minérales conſiſtent principalement à fortifier les fibres relâchées, à arrêter les hémorrhagies, les écoulemens ſéreux, les diarrhées, &c. Elles peuvent être auſſi d'un très-grand uſage dans le ſcorbut, & appliquées à l'extérieur elles ſont très-propres à déterger les vieux ulcéres fongueux & putrides ; mais on ſe convaincra davantage de leur efficacité dans les différentes maladies qui dépendent du relâchement, en jettant les yeux ſur les Certificats de Meſſieurs les Médecins & Chirurgiens, qui atteſtent en avoir obſervé les effets les plus frappans dans un très-grand nombre de cas ſinguliers. Ces Certificats étant les garants les plus ſûrs qu'on puiſſe offrir au Public, il ſeroit ſu-

perflu d'entrer ici dans un plus grand détail à ce sujet.

Le prix de ces eaux est de quinze sols *la bouteille, ainsi qu'il a été fixé par l'Arrêt du Conseil d'Etat rapporté ci-après. Elles ne perdent absolument rien par le transport. Pour la commodité du Public on a établi à Paris deux entrepôts de ces nouvelles Eaux Minérales où l'on en trouvera tous les jours & à toutes heures. Sçavoir,* chez M. GIRARD, dans une maison qui communique aux rues Beaurepaire & Tireboudin, la premiére porte est près de l'Hôtel de Coaslin, & la seconde vis à-vis l'ancien Grand Cerf. M. GIRARD demeure au raiz-de-chaussée, la porte près du puits. L'autre Bureau est chez le sieur NAY, au Caffé Anglois, rue Jacob, vis-à-vis celle de Saint Benoît, au Fauxbourg Saint Germain.

EXTRAIT

EXTRAIT
DES REGISTRES
DU CONSEIL D'ÉTAT.

SUR la Requête présentée au Roy étant en son Conseil, par ANTOINE DE CALSABIGI Ecuyer, & SIMONNE DORCET son Epouse, contenant, qu'ayant découvert dans la maison qu'ils possédent au Territoire de Passy près Paris, des Eaux Minérales dont l'Analyse a été faite par les Sieurs VENEL & BAYEN, commis à cet effet par M. le Premier Médecin, Surintendant des Eaux Minérales de France ; que cette Analyse ayant prouvé que ces mêmes Eaux étoient d'une nature ferrugineuse vitriolique & plus fortes que celles de Spa, les Supplians en ont envoyé à plusieurs Médecins &

Chirurgiens des plus célébres, qui leur en avoient demandé pour en éprouver l'utilité; que l'effet de ces Eaux a répondu à l'idée qu'on en avoit conçûe, ainſi qu'il eſt démontré par les Certificats ci joints, deſquels il réſulte que ces Eaux ſont ſinguliérement efficaces pour les hémorrhagies, les écoulemens ſéreux invétérés, les relâchemens de l'eſtomac, les diarrhées colliquatives, les affections ſcorbutiques, les hémophtiſies, & autres maladies de cette eſpéce; enſorte qu'il paroit important pour le bien public, que les Supplians ſoient autoriſés dans la diſtribution deſdites Eaux. Mais comme ils ſeront obligés de faire des dépenſes conſidérables, pour que ces ſources puiſſent fournir en tous les temps la quantité d'eau néceſſaire aux uſages publics, ſans qu'il puiſſe s'y mêler aucune eau étrangére, ils eſpérent que Sa Majeſté voudra bien y pourvoir en les autoriſant à vendre leſdites Eaux 24 ſ. la pinte. Le public trouvera d'autant plus d'avantages dans cette modicité du prix, qu'avec une pinte de ces Eaux, on pourra en faire quatre, en y ajoûtant trois fois autant d'eau commune ; & ces Eaux ainſi coupées, ſeront encore d'une force au moins égale à celles de Spa, qui coutent à Paris 50 ſols la pinte. A CES CAUSES, requeroient les Supplians qu'il plût à Sa Majeſté leur permettre de vendre & débiter les Eaux Minérales découvertes à Paſſy, tant audit lieu de Paſſy qu'à Paris & dans tout le Royaume, moyennant le prix de 24 ſ. la pinte ; faire defenſes à toutes perſonnes de les troubler dans la vente deſdites Eaux, à peine de 3000 livres d'amende, & de tous dépens, dommages & intérêts, &

ſera l'Arrêt qui interviendra ſur ladite Requête, exécuté nonobſtant oppoſitions, & tous empêchemens quelconques ; vû ladite Requête, ouï le rapport. LE ROY ÉTANT EN SON CONSEIL, a permis & permet audit Sieur ANTOINE DE CALSABIGI, & SIMONNE DORCET ſon Epouſe, de vendre & débiter leſdites Eaux Minérales de Paſſy, tant audit lieu de Paſſy que dans la Ville de Paris, & autres Villes du Royaume, à condition néanmoins de ne pouvoir les vendre plus de quinze ſols la pinte meſure de Paris ; fait défenſes à toutes perſonnes de les troubler dans la vente & débit deſdites Eaux, à peine de 3000 livres d'amende, & de tous dépens, dommages & intérêts ; & ſera le préſent Arrêt exécuté nonobſtant oppoſitions ou empêchemens quelconques, pour leſquels ne ſera différé, & ſeront ſur icelui toutes Lettres néceſſaires expédiées; fait au Conſeil d'Etat du Roy, Sa Majeſté y étant, tenu à Verſailles le 24 Novembre 1756. *Signé*, PHELIPPEAUX.

EXTRAIT du Journal des Sçavans du mois d'Oct. 1755.

EXAMEN CHIMIQUE d'une Eau Minérale nouvellement découverte à Passy, dans la maison de M. DE CALSABIGI, *exécuté en conséquence de l'Ordonnance de M. le Premier Médecin, du 25 Avril 1755, qui commet à cet effet les Sieurs* VENEL *&* BAYEN, *préposés par le Roy à l'Analyse des Eaux Minérales du Royaume.*

AUTRES ANALYSES des mêmes Eaux Minérales, faites par M. ROUELLE, *de l'Académie des Sciences, & par M.* CADET, *Apoticaire-Major de l'Hôtel Royal des Invalides, deux brochures* in-8°.

QUOIQUE ces ouvrages ne soient pas considérables par leur

étendue, nous ne croyons pas devoir les passer sous silence. Le principal but de notre Journal étant de faire connoître les nouvelles découvertes dans les sciences & dans les arts ; celle dont il s'agit ici y a d'autant plus de droit qu'on pourra en retirer de grands avantages pour la pratique de la Médecine.

Ces nouvelles Eaux Minérales ne ressemblent point à celles des deux sources déja connues au lieu de Passy : elles sont acides & vitrioliques martiales. Ce vitriol s'y trouve en si grande quantité ; qu'on peut regarder ces Eaux comme les plus riches qu'on connoisse en ce genre. MM. VENEL & BAYEN sont ceux qui en donnent l'Analyse la plus détaillée. Ces nouvelles Eaux sont claires & transparentes, elles ont un goût austére ou stiptique, acide & martial. Quoique gardées long-temps dans un vaiſſeau, couvert négligemment, elles ne ſe décolorent point, ne perdent rien de leur goût, & ne dépoſent preſque aucun ſédiment. Et c'eſt ſurtout à cet égard qu'elles différent de toutes les Eaux de cette claſſe, qui en très-peu de temps laiſſent échaper leur principe ferrugineux. Cependant ces nouvelles Eaux expoſées au feu, ſe troublent & dépoſent une terre jaune orangée, avant même que d'être échauffées au dégré de l'ébullition. Elles deviennent alors un peu moins colorées, quoiqu'elles conſervent toujours leur goût auſtére. Après avoir bouilli elles noirciſſent encore conſidérablement étant mêlées avec la décoction de noix de galle; autre caractére qui leur eſt particulier, puiſque les Eaux martiales ordinaires, après avoir éprouvé l'ébullition, ne ſont plus précipitées par la noix de galle.

On a recherché enſuite ſi le ſel vitriolique martial de ces Eaux ne contiendroit pas quelque partie de cuivre ; & pour le découvrir on a mis une lame de fer bien avivée dans deux livres d'Eau Minérale, d'abord froide & enſuite chaude, ſans qu'il ſe ſoit précipité aucune particule cuivreuſe, ce qui n'auroit pas manqué d'arriver en quelque petite quantité que le cuivre s'y fût trouvé combiné.

On a fait évaporer l'eau au Bain-Marie, & on en a retiré d'abord la terre jaunâtre qui s'eſt précipitée, enſuite une pellicule ſéléniteuſe avec de petits grains ou criſtaux au fonds du vaiſſeau. On a réduit ainſi 18 liv. d'eau à 7 ou 8 onces, & cette liqueur concentrée étoit d'un brun forcé, avoit un goût acide, faiſoit efferveſcence avec les alkalis, mais verdiſſoit encore le ſyrop de violette, propriété, obſervent nos Auteurs, ſi inhérente aux diſſolutions vitrioliques, que l'eau-mere de vitriol la plus manifeſtement acide ne la perd point ; enſorte que les épreuves des ſels par le ſyrop de violette ſont ſouvent équivoques & illuſoires. Cette liqueur miſe à criſtalliſer, n'a donné que quelques pellicules ſéléniteuſes.

On l'a enſuite pouſſée au feu juſques à la réduire en conſiſtance de bouillie ; elle ſe bourſouffloit alors & exhaloit des vapeurs acides qu'on a reconnu à l'odorat, pour un mêlange d'acide nitreux & d'acide de ſel marin. La matiére étant placée dans un alambic de verre, on en a retiré par la diſtillation une liqueur ſenſiblement acide, qui étant ſaturée avec un alkali fixe pur, donna des criſtaux de nitre & de ſel marin régénéré très-diſtincts.

Le résidu qui étoit d'une saveur acide, ayant été redissous dans six onces d'eau distillée, n'a point donné de cristaux ; ce qui prouve que les sels nitreux & marins, qui se sont manifestés par la distillation, avoient dans cette eau une base terreuse qui, combinée avec l'acide vitriolique, a constitué avec lui un sel séléniteux, lequel a été séparé par la filtration.

Par une seconde évaporation de 18 livres d'eau réduites à trois onces, on a obtenu cinq petits cristaux de vitriol de Mars, qui pesoient ensemble 15 grains, mais on n'en a point eu de nitre ni de sel marin. En distillant ensuite la liqueur séparée des cristaux, on a obtenu une liqueur de différens degrés d'acidité, qui étant saturée avec de l'alkali fixe pur, a fourni trois grains de nitre & deux grains de sel marin.

Dix-huit livres de ces eaux précipitées par l'alkali fixe de ſoude, ont donné un précipité compoſé de la terre martiale, & d'une petite quantité de matiére ſéléniteuſe. La liqueur ſurnageante filtrée a donné par la criſtalliſation 5 gros & demi de ſel de glauber, & trois gros environ de ſélénite. Il a reſté un gros de liqueur, qui expoſée à l'évaporation a donné quelques petits criſtaux de ſel marin, mais point de nitre quadragulaire; & il ne ſeroit pas étonnant que le peu d'acide nitreux qu'il y a dans ces eaux ſe fût alors diſſipé.

Il eſt donc évident par toutes ces expériences, que les nouvelles Eaux découvertes à Paſſy ſont une diſſolution foible d'un ſel vitriolique martial, mêlé avec un peu de ſel marin & de nitre à baſe terreuſe, avec une quantité conſidérable de ſubſtance ſéléniteuſe & une petite portion d'acide vitriolique ſurabondant.

Quant aux proportions de ces divers ingrédiens, il paroît que ſur une livre de cette eau, il y a 25 grains de ſel vitriolique, 2 grains & demi de terre martiale, 20 grains de ſélénite, & une très-petite parcelle de ſel marin, & de ſel de nitre; car de 18 livres d'eau on n'a retiré que 7 grains de ſel marin & 3 grains de nitre.

Au reſte on s'eſt aſſuré de l'abondance & de la conſtance de la ſource des nouvelles Eaux, en faiſant tirer plus de cent ſeaux du puits qui la contient : on a trouvé que celle du dernier ſeau étoit auſſi chargée que celle du premier.

Les habiles Analyſtes (MM. Venel & Bayen) concluent que ces Eaux peuvent être regardées comme ſingulières & véritablement uniques. Ils ſoutiennent, trop généralement peut être, que les diverſes Eaux Médicinales qu'on a données pour vitrioliques ne le ſont point, & même ils s'élévent contre HOFFMAN, & ceux qui d'après lui ont admis dans pluſieurs eaux ferrugineuſes un vitriol ou un principe martial volatil. » Ils ont, diſent-ils, af- » firmé la même choſe pour les » gens de l'art, que s'ils avoient » aſſuré que ces eaux ne conte- » noient point de vitriol, & ils » ont dit de plus une choſe ab- » ſurde. Le principe acide accor- » dé à pluſieurs Eaux Minérales » n'a pas été établi ſur des fonde- » mens plus ſolides, ceux qui » l'ont admis n'étoient pas Chi- » miſtes, & ceux qui l'ont abſo- » lument rejetté, ont établi une » opinion générale ſur une énu- » mération incomplette des ſu- » jets qu'elle regardoit.

Nous nous étendrons peu sur les deux autres Analyſes, parce

qu'elles s'accordent entiérement avec celles dont nous venons de parler, & qu'elles sont faites à peu près suivant les mêmes procédés. » M. ROUELLE conclut de » ses expériences, que la nouvelle Eau Minérale contient » beaucoup de fer uni à l'acide » vitriolique, dans l'état de l'eau-mere de vitriol; elle contient » aussi un peu d'acide vitriolique » uni à une terre absorbante qui » forme un sel neutre qu'on appelle séléniteux, & un autre sel » formé par l'union de l'esprit de » sel à une terre absorbante de la » nature de la craye «. On voit que ce sçavant Chimiste ne fait point mention de l'acide nitreux.

M. CADET prouve aussi par son Analyse » que la nouvelle Eau » Minérale est chargée de vitriol » martial, d'un sel séléniteux, » d'un acide vitriolique surabon- » dant, d'une très-petite portion

» de nitre, & d'un peu plus de ſel » marin «.

Il a fait voir de plus que cette Eau Minérale » mêlée avec une » leſſive alkaline chargée du prin- » cipe ſulphureux, extraite par le » feu de matiére animale, donne » un précipité très-bleu, qui ne » differe en rien de la beauté du » bleu de Pruſſe, ſi ce n'eſt qu'il » le ſurpaſſe «. Il ſe propoſe même de donner un mémoire particulier ſur ce travail, qu'il regarde comme un objet qui pourroit devenir très-avantageux pour la Peinture.

Ce qui rend ſurtout important la découverte de ces nouvelles Eaux, c'eſt que les Médecins pourront en tirer des ſecours puiſſans, lorſqu'il s'agira de rétablir le ton des ſolides relâchés, de les fortifier, d'arrêter les hémorrhagies abondantes, ſurtout les écoulemens ſéreux auxquels les femmes ſont ſujettes, ainſi que ceux qui ſuccédent aux gonorrhées virulentes. En un mot, les effets ſalutaires que RIVIERE & BOERHAAVE attribuent au ſel ou vitriol de Mars, pourront auſſi réſulter de l'uſage de ces Eaux, puiſqu'elles contiennent ce vitriol très-pur, plus pur même, ſuivant M. VENEL, que celui que conſeilloient ces deux fameux Médecins. Ces Eaux pourront encore être employées avec ſuccès à l'extérieur pour déterger les vieux ulcéres fongueux, putrides, ſcorbutiques, &c. mais c'eſt ſurtout à l'expérience à fixer nos idées à cet égard. On peut étendre ces Eaux, dans plus ou moins d'eau commune ſelon l'objet qu'on ſe propoſe ; elles ſont auſſi légérement aërées, c'eſt-à-dire, qu'elles renferment une petite quantité d'air combiné qu'on en ſépare par la ſecouſſe. C'eſt M. VENEL qui fait cette obſervation, & qui a découvert le premier qu'il y a dans les Eaux aërées, comme celles de Seltz, un piquant qui en impose quelquefois pour de l'acide, & qui ne vient que de l'air surabondant. On voit déja par cette Analyse si précise & si sçavante, ce qu'on doit attendre de ses travaux sur toutes les Eaux Minérales de France.

A MONSIEUR

DE SENAC,

CONSEILLER ORDINAIRE du Roy en ſes Conſeils d'État & privé, Premier Médecin de Sa Majeſté, Surintendant Général des Eaux, Bains, & Fontaines Minérales & Médicinales du Royaume.

EXAMEN CHIMIQUE

D'UNE EAU MINÉRALE nouvellement découverte à Paſſy dans la Maiſon de Monſieur & de Madame DE CALSABIGI ; *exécuté en conſéquence de l'Ordonnance de M. le Premier Médecin, du 23 Avril 1755, qui commet à cet effet les Sieurs* VENEL & BAYEN, *prépoſés par le Roy à l'Analyſe des Eaux Minérales du Royaume.*

1°. L'EAU de Monſieur & de Madame DE CALSABIGI eſt parfaitement claire & transparente, quoique colorée d'un jaune de citron délayé ou foible.

2°. ELLE a un goût austére ou stiptique acide, & martial.

3°. CETTE saveur est réelle & fixe; ce n'est pas le piquant ou le *Gratter* qui dans les eaux aërées en a imposé pour de l'acide, & leur a fait donner le titre d'*Acidules*, c'est le goût propre d'un sel dont nous démontrerons la nature dans la suite de cet écrit; ce n'est pas que les Eaux de M. DE CALSABIGI ne soient légérement aërées, c'est-à-dire, qu'elles ne renferment une petite quantité d'air combiné qu'on en sépare par la secousse; mais leur goût ne dépend point de ce principe, il est le même après que l'air a été chassé.

4°. QUOIQUE ces Eaux contiennent de l'acide libre ou nud qui se manifeste par le goût & par la propriété d'agacer un peu les dents, ce principe eſt trop étendu, trop noyé pour qu'il puiſſe ſe manifeſter par l'efferveſcence avec les alkalis : nous ne comptons pour rien l'action de ces Eaux ſur le Sirop de Violette qu'elles verdiſſent ſur le champ, & ſur la teinture de tourneſol, qu'elles changent en un gros rouge orangé; les changemens opérés ſur ces couleurs végétales, étant des moyens abſolument équivoques, illuſoires, inutiles dans la plûpart des recherches de cette nature, & notamment dans celle qui nous occupe ici. Nous avouons cependant que s'ils ne peuvent fournir que très-peu de connoiſſances *abſolues* & *poſitives*, ils peuvent au moins en procurer de *relatives* & *négatives*; il eſt démontré par exemple, par ce moyen ſeul, que l'Eau de M. DE CALSABIGI ne reſſemble point aux Eaux de Paſſy, anciennes & nouvelles, qui, tout étant d'ailleurs égal, n'altérent point le Sirop de violette, & ne changent la teinture de tournesol qu'en violet, c'est-à-dire, en la couleur la moins éloignée de sa couleur naturelle.

5°. Le principe martial annoncé par le goût & par la couleur de ces Eaux, est démontré par l'affusion de la teinture de noix de galle qui les précipite sur le champ en noir très-chargé.

6°. Ces Eaux gardées dans un vaisseau couvert négligemment, & même dans des bouteilles qu'on a laissées pendant 15 jours dans la cave d'un carosse qui rouloit journellement sur le pavé, ne se sont point décolorées, n'ont point perdu leur goût, & n'ont presque point donné de sédiment ; nous avons examiné de l'eau que nous avions depuis plusieurs mois, & nous ne l'avons point trouvée différente de l'eau sortant de la source.

7°. CETTE derniére propriété les distingue des Eaux Martiales ordinaires, car toutes les Eaux connues de cette derniére classe, laissent échapper leur principe ferrugineux en très-peu de temps, leur composition n'est point constante. Tout le monde sçait ici que les Eaux épurées de Passy sont des Eaux qui ont déposé leur principe ferrugineux par le repos, & que cette dépuration est l'ouvrage d'un temps assez court.

8°. L'EAU de M. DE CALSABIGI mise sur le feu se trouble & dépose une terre jaune orangée avant même d'avoir pris le degré d'ébullition.

9°. L'EAU précipitée par ce moyen étant filtrée ou éclaircie par le repos, est un peu moins colorée, & n'a perdu que fort peu de son goût austere.

10°. SON acidité ne se manifeste pas davantage par les épreuves que celle de l'eau qui n'a point éprouvé l'action du feu. Il y a quelques légéres différences à cet égard, qui dépendent du degré de feu employé, & peut-être de la matiére du vaisseau dans lequel on a traité l'eau; mais ceci est très-étranger à notre objet présent.

11°. L'Eau qui a bouilli noircit encore avec la décoction de noix de galle; la nuance du précipité est à peine sensiblement différente de celle du précipité des eaux inaltérées. Autre caractére très-distinctif: les Eaux Martiales ordinaires ne sont plus précipitées par la noix de galle, après avoir bouilli.

12°. Pour peu qu'on soit habitué à manier les objets de cette nature, il est aisé de reconnoître par ce petit nombre de phénoménes, que le principe dominant de nos Eaux, est un sel vitriolique martial.

13°. Le premier objet de recherche dont on s'est occupé après cette premiére connoissance, a été de constater si la base de ce sel ne seroit pas mêlée de quelque partie de cuivre, car le vitriol martial se trouve ordinairement mêlé du vitriol cuivreux. Pour cela on a mis une lame de fer bien avivée dans deux livres d'Eau Minérale, on l'y a laissé tremper à froid pendant vingt-quatre heures, on n'a pas observé la moindre molécule de cuivre sur la lame de fer ; on a mis le vaisseau sur le feu, on a chauffé jusqu'à faire bouillir la liqueur, & on n'a point obtenu de précipité cuivreux. Ce moyen auroit cependant démontré le vitriol de cuivre en quelque proportion qu'il eût été mêlé avec le vitriol de Mars, puisqu'il est fondé sur l'ordre de rapport constamment observé entre le fer, le cuivre &

l'acide vitriolique ; enſorte qu'on peut légitimement conclure de cette expérience, que les Eaux de M. DE CALSABIGI ne contiennent point de vitriol de cuivre.

14°. ON a procédé enſuite à leur évaporation ; on en a pris 18 livres qu'on a traitées au Bain-Marie dans des vaiſſeaux de verre neuf.

15°. DÈS que l'Eau a éprouvé l'impreſſion de la chaleur dont nous avons déja obſervé l'effet, (§. 9.) elle s'eſt troublée comme dans cette premiére expérience ; on l'a laiſſée ſur le feu juſqu'à la diminution d'environ la moitié de ſon volume, & alors on a apperçû une pellicule qu'on a reconnue pour ſéléniteuſe, & qu'on a ſoupçonné avec fondement, comme on le verra dans l'expérience ſuivante, d'être accompagnée de la production de pluſieurs petits grains ou criſtaux qui gagnoient le fonds du vaisseau, & qui étoient déja mêlés au moment où on formoit cette conjecture, avec le dépôt jaunâtre.

16°. Pour se procurer ces produits, l'un & l'autre à peu près insolubles dans l'eau, & par conséquent inséparables par la lotion, pour se procurer, dis-je, ces produits séparément, on a entrepris une nouvelle évaporation.

17°. On a pris pour la nouvelle évaporation 18 livres d'Eau Minérale, qu'on a traitées au Bain-Marie dans des vaisseaux de verre.

18°. On a obtenu par la premiére impression de la chaleur le produit terreux jaunâtre, dont on a déja fait mention : (§. 9.) on a observé que cette matiére se séparoit toute entiére dans un instant, que son dégagement n'étoit point proportionnel à l'évaporation. Car en échauffant l'Eau de M. de Calsabigi dans un vaiſſeau fermé, ou dans un vaiſſeau ouvert après l'avoir étendue de moitié d'eau pure, la terre jaunâtre ſe ſéparoit de la même maniére ; c'eſt donc ici une décompoſition opérée par la chaleur comme telle.

19°. APRÈS s'être ſuffiſamment aſſuré que le dépôt jaunâtre n'augmentoit point par l'application continuée du feu, on a retiré les vaiſſeaux, on a ſéparé la terre jaune par le filtre ; ce produit exactement édulcoré avec l'eau diſtillée & ſéché peſoit quarante-deux grains.

20°. LA liqueur qui l'avoit fourni, & l'eau qui avoit été employée à l'édulcorer, mêlées enſemble ont été remiſes ſur le feu ; cette liqueur a été réduite par l'évaporation juſqu'à la moitié de ſon volume ſans ſe troubler ſenſiblement, ni préſenter aucune matiére concrete dans les différens degrés de concentration par lesquels elle est passée pour parvenir à celui-ci. A ce dernier degré, elle s'est couverte de la pellicule séléniteuse dont nous avons parlé. (§. 9.) Il s'est formé en même temps des petits grains ou cristaux au fonds du vaisseau quoiqu'en petite quantité ; on a fait tomber la pellicule à mesure qu'elle paroissoit ; on a continué cette manœuvre jusqu'à la réduction de la liqueur à un volume semblable à celui de 7. à 8. onces d'eau commune : alors on a décanté la liqueur, & on en a séparé les pellicules & les cristaux ; on a édulcoré ce produit exactement avec de l'eau distillée tiéde.

21°. LA liqueur concentrée, dont nous venons de parler, étoit d'un brun très-foncé ; elle avoit un goût très-acide, elle faisoit effervescence avec les alkalis ; mais elle verdissoit encòre le Sirop de violette, propriété si inhérente aux dissolutions vitrioliques, que l'eau mere de vitriol la plus manifestement acide ne la perd point, lors même qu'on l'a surchargée à dessein d'acide vitriolique; ce que nous remarquons ici comme concourant à établir ce que nous avons avancé (§. 4.) sur l'épreuve des sels par le Sirop de violette.

22°. On a *mis* la liqueur (§. précédent) *à cristalliser*, mais on n'a obtenu d'autre cristallisation que quelques pellicules séléniteuses qui avoient continué à se former; on les a séparées & édulcorées.

23°. La même liqueur à laquelle on a ajoûté l'eau des lotions des pellicules, a été réduite par une nouvelle évaporation à un volume pareil à celui de trois onces d'eau dans ce dernier état de concentration; elle étoit d'un brun encore plus foncé, d'une consistance presque *syrupeuse* & d'une acidité plus forte ; on l'a gardée dans un lieu convenable pour voir si elle fourniroit des cristaux ; mais on n'a obtenu qu'une matiére épaisse mêlée de feuillets séléniteux qu'on a séparés & édulcorés.

24°. La liqueur décantée & à laquelle on a ajoûté l'eau des lotions des pellicules, a été inutilement traitée par des évaporations graduées & souvent suspendues, la liqueur de plus en plus concentrée & gardée après chaque degré presque insensible de concentration pendant plusieurs jours dans un lieu convenable, a constamment refusé de donner des cristaux.

25°. Dans un procédé semblable au précédent, exécuté au mois de Février dernier, on pensa à profiter de la commodité de la saison pour essayer sur l'eau convenablement rapprochée, les effets de la concentration par la gelée : dans cette vûe, on exposa à la congélation, la liqueur réduite au douziéme de son poids : elle fut prise en moins de deux heures. On sépara les glaçons qui faisoient à peu près la moitié du volume total ; ils étoient âpres, stiptiques, mais bien moins que la portion de la liqueur qui ne fut pas gélée. Cette derniére portion avoit une saveur très-acide ; elle fit effervescence avec les alkalis concrets ; on la garda pendant 48 heures dans un lieu convenable, & l'on n'obtint point de cristaux. On ne crut pas devoir l'exposer de nouveau à la gélée, puisqu'on avoit observé qu'on ne réussissoit que fort imparfaitement à la concentrer par ce moyen, ces glaçons étant considérablement chargés de la matiére saline qu'on se proposoit de concentrer toute entiére dans la portion de la liqueur qui ne se géleroit pas.

26°. On rapprocha peu-à-peu par une évaporation souvent interrompue, les deux portions de la liqueur dont nous venons de parler, chacune séparément, & on ne réussit point à les faire cristalliser.

27°. Revenons à la liqueur de la seconde évaporation, (§. 17°.-24°.) on l'a mise sur le feu dans un vaisseau de verre dans le dessein de la dessécher.

28°. On a observé en poussant cette matiére au feu, jusqu'à la réduire en consistance de bouillie, qu'elle se troubloit avant de perdre son humidité; qu'elle devenoit jaunâtre par le dégagement d'une poudre de cette couleur; qu'elle se boursoufloit en bouillant & exhaloit des vapeurs acides qu'on a reconnu à l'odorat pour un mêlange d'acide nitreux, & d'acide de ſel marin.

29°. On plaça alors la matiére dans un petit alambic de verre, & on en retira par la diſtillation une liqueur ſenſiblement acide, qui étant ſaturée avec un alkali fixe pur, donna des criſtaux de nitre & de ſel marin régénéré très-diſtincts.

30°. Le réſidu qui étoit parfaitement ſec, d'une conſiſtance pulvérulente & d'une couleur gris-cendré, peſoit ſix gros, 18 grains. Il eſt d'une ſaveur très-acide; il attire l'humidité de l'air.

31°. On a rediſſous ce réſidu dans ſix onces d'eau diſtillée, on a filtré, on a ſéparé par la filtration une poudre martiale & ſéléniteuſe; on a mis à criſtalliſer la diſſolution diverſement rapprochée, mais on n'a point obtenu de criſtaux; ce qui prouve pour les ſels nitreux & marin, (que les produits volatils de la diſtillation annoncent) qu'ils avoient dans notre eau une baſe terreuſe, qui, combinée dans cette opération avec l'acide vitriolique, a conſtitué avec lui un ſel ſéléniteux, lequel a été ſéparé par la filtration ; ceci a été prouvé auſſi par l'*ineptitude* à criſtalliſer de la liqueur la plus concentrée ; car le nitre & le ſel marin à baſe alkaline ſe ſeroient vraiſemblablement manifeſtés dans une liqueur concentrée à ce point, au lieu que ces ſels à baſe terreuſe ſont déliqueſcents.

32°. Ce réſidu non *criſtalliſable* diſſous de nouveau dans ſix onces d'eau diſtillée, filtré & précipité par le ſel alkali fixe ordinaire purifié, a fourni une terre martiale griſâtre qui devient rouge par la deſſiccation, & la liqueur évaporée a fourni du tartre vitriolé.

33°. Comme on n'a mis la matiére (§. 27.) dans les vaiſſeaux fermés qu'après avoir obſervé qu'elle jettoit des vapeurs acides, on a évaporé 18 livres de nouvelle eau, dont on n'a porté la concentration que juſqu'à la réduire à trois onces ou environ. Cette fois ci, on a obtenu cinq petits criſtaux de vitriol de Mars qui peſoient enſemble 15 grains, mais on n'a point eu de nitre ni de ſel marin.

34°. On a ſéparé ces criſtaux, & on a enfermé la liqueur décantée dans le petit alambic; on a diſtillé & on a obtenu 1°. une liqueur inſipide & purement flegmatique qu'on a rejettée. Ce produit a prouvé que dans tout le cours de l'évaporation on n'avoit diſſipé aucune partie acide, & par conſéquent que le progrès de l'acidité, obſervé dans l'évaporation de ces eaux, étoit dû à une véritable concentration d'un acide vitriolique nud ; 2°. une liqueur acidule sans couleur, mais qui s'étoit élevée sous la forme de vapeurs rouges ; 3°. une liqueur d'une couleur d'urine délayée sensiblement acide. On a saturé ces deux derniéres liqueurs, chacune séparément avec l'alkali fixe ordinaire pur ; on a fait évaporer, & la premiére a fourni trois grains de nitre & deux grains de sel marin, l'un & l'autre distinctement cristallisés : la seconde a donné 5 grains de sel marin sans aucun vestige de nitre.

35°. Tous les feuillets séléniteux de chacune des deux derniéres expériences bien édulcorés par la lotion & séchés ont pesé cinq gros. Ils sont d'un blanc jaunâtre ; on a constaté leur nature par l'expérience ordinaire, c'est-à-dire, par l'essai du soufre artificiel préparé avec cette matiére ;

& on a eu le ſuccès ordinaire, celui qui a ſuffi à pluſieurs Chimiſtes pour mettre ce corps au rang des ſels vitrioliques, & que nous regardons comme très-peu démonſtratif. Mais cette diſcuſſion eſt abſolument étrangére au ſujet particulier qui nous occupe ici.

36°. 18. LIVRES de notre eau précipitées ſelon l'art par l'alkali fixe de ſoude, ont donné un précipité composé de la terre martiale, & d'une petite portion de la matiére ſéléniteuſe fournie dans les évaporations des eaux ſans addition. La liqueur ſurnageante, filtrée & épuiſée par des criſtalliſations répétées a fourni 5 gros & demi de beau ſel de Glauber, & environ trois gros de ſélénite ; il a reſté un gros de liqueur, qui expoſée à l'évaporation inſenſible a préſenté quelques petits criſtaux de ſel marin, mais point de nitre quadrangulaire, du moins autant qu'on a pû s'en assurer par l'épreuve du charbon ardent : il ne seroit pas bien étonnant qu'on n'eût pas retrouvé ce principe qui est contenu en si petite quantité dans ces eaux, comme il est prouvé par le moyen très-démonstratif de la distillation ; on l'a découvert cependant dans une autre précipitation exécutée par l'alkali fixe de tartre ou de nitre ; on a retiré par ce moyen par l'évaporation insensible de quinze livres d'eau précipitée, trente petites aiguilles évaluées à environ six grains.

37°. Il est très-évident par les expériences précédentes que l'Eau de M. de Calsabigi est une dissolution foible d'un sel vitriolique martial, mêlé d'un peu de sel marin & de nitre à base terreuse, d'une quantité considérable de la substance terreuse ou saline, appellée parmi nous séléniteuse, & d'une petite portion d'acide vitriolique surabondant.

38°. 18. LIVRES de cette eau contiennent six gros 18 grains de ce sel vitriolique ; 42 grains d'une terre martiale très-foiblement unie à ce sel & peut-être au principe aqueux immédiatement ; 5 gros de sélénite ; environ 7 grains de sel marin à base terreuse, & trois grains de nitre, aussi à base terreuse ; ce qui fait pour chaque livre d'eau 25 grains de sel vitriolique, deux grains & demi de terre martiale, 20 grains de sélénite, & une très-petite parcelle, *Micula*, de sel marin & de nitre.

39°. POUR achever de démontrer cette composition, on a dissous dans 18 livres d'eau distillée du vitriol natif, ramassé sur certains rochers dans les Pyrénées, en une quantité suffisante pour donner à cette eau factice le goût & la couleur de l'eau de M. DE

CALSABIGI; on a ajoûté quelques goutes d'huile de chaux, & un peu trop de nitre à base terreuse. On a soumis cette eau à toutes les épreuves exposées ci-dessus, & on a eu les mêmes résultats, avec ces différences néanmoins que l'eau factice est moins acide, que sa stypticité est plus âpre, plus rude, mêlée d'amertume, & suivie d'un *arriére-goût* douceâtre, qu'elle a fourni plus de cristaux de vitriol martial & beaucoup moins de sélénite.

40°. Nous n'avons pas cherché dans le vitriol ordinaire des boutiques, le sel analogue à celui de nos Eaux, parce que ce sel est un ouvrage de l'art; il est préparé en traitant avec du fer dans des chaudiéres de fer, une eau chargée d'un vitriol natif pareil à celui que nous avons employé (§. précédent;) la dissolution de ce vitriol achevé par l'art, donne des cristaux facilement & abondamment. 18 livres de notre Eau traitées comme les lessives vitrioliques dans les fabriques de vitriol, avec la limaille de fer dans une bassine de fer, nous ont donné 4 gros & demi de vitriol parfait.

41°. On a voulu s'assurer de l'abondance & de la *constance* de la source des Eaux de M. de Calsabigi; pour cela on a fait tirer le 7 de Mai de cette année le puits qui la fournit, qui a moins de trois pieds de diamétre, & dans lequel l'eau étoit haute de 19 pouces, lors de l'expérience; après en avoir fait tirer 100 seaux, celle du dernier seau étoit aussi chargée que celle du premier, & la hauteur de l'eau étoit peu diminuée.

COURTES RÉFLEXIONS

Sur les qualités absolues, & sur les vertus Médicinales des Eaux examinées.

42°. Ces Eaux exactement acides & vitrioliques peuvent être regardées comme singuliéres & véritablement uniques.

43°. Les diverses Eaux Médininales qu'on a données pour vitrioliques ne le sont point; cette qualité leur a été attribuée par des Médecins à qui les opérations & les sujets Chimiques étoient absolument étrangers. Ceux qui d'après Hoffman ont admis dans plusieurs eaux ferrugineuses célébres, un vitriol ou un principe martial volatil, ont affirmé pour les gens de l'Art, la même chose que s'ils avoient assuré que ces eaux ne contenoient point de vitriol, & ils ont dit de plus une chose absurde ; les eaux véritablement vitrioliques qu'on trouve dans diverses galeries de mines, sur-tout dans celles de charbon de terre, ne sçauroient être rangées avec celle-ci ; 1°. parce qu'elles doivent être toujours soupçonnées de ne pas contenir un vitriol martial exempt de mêlange ; 2°. parce que ce ne sont jamais que des *pleures*, *stillicidia*, variant continuellement en degrés de saturation ; au lieu que les Eaux de M. DE CALSABIGI sont une source.

44°. LE principe acide accordé à plusieurs Eaux Minérales, n'a pas été établi sur des fondemens plus solides ; ceux qui l'ont admis n'étoient pas Chimistes, ceux qui l'ont absolument rejetté ont établi une opinion générale sur une énumération incomplette des sujets qu'elle regardoit.

45°. NOTRE Eau étend la classe

générale des eaux froides & en particulier le genre des eaux martiales : elle eſt chef dans cette derniére diviſion, & l'extrême oppoſé aux eaux ferrugineuſes qui ne portent que la plus légére empreinte du principe martial, telles que les Eaux de Paſſy anciennes & nouvelles.

46°. Les Médecins prudens & éclairés à qui ſeuls appartient le droit de manier les remédes nouveaux & efficaces, tels que celui-ci, qui ne doit jamais devenir un remède de Charlatan, ni de *Médecin de ſoi-même* ; les Médecins légitimes, dis-je, trouveront dans les Eaux de M. de Calsabigi, graduées à leur gré par l'addition de plus ou moins d'eau commune, un ſecours puiſſant lorſqu'ils auront à remplir l'indication de rappeller le ton des ſolides abſolument relâchés, de les reſſerrer, de les fortifier, d'arrêter les hémorrhagies abondantes ou les *flux* opiniâtres, tels que cet incommode écoulement séreux & limphatique qui fait la *queue* des *gonorrhées*, & contre lequel l'art fournit si peu de secours ; de procurer une consistance moins fluide aux humeurs en *fonte* ou en dissolution, telles qu'on les observe dans certaines affections scorbutiques, &c.

Tous les *Pharmacologistes* tant anciens que modernes, ont regardé le vitriol martial qui constitue le principe médicamenteux dominant des Eaux de M. DE CALSABIGI, comme un très-grand remède ; le célébre Praticien Lazare Riviere a donné la préférence sur tous les autres remédes martiaux, au sel ou vitriol de Mars dont il a donné une préparation particuliére qui est encore en usage ; il accorde à ce sel la propriété de résoudre les obstructions, de fortifier les viscéres & de corriger leur intempérie chaude, si on en continue longtemps l'usage à la dose de douze ou vingt grains dans un liquide ou un excipient solide approprié ; *Lazari Riverii Praxeos Medicæ*, *Lib. XII. Cap. V. de Melancholiâ hypochondriacâ.* Boerhaave dit du même sel qu'il posséde des vertus singuliéres sur le corps humain ; *facultates singulares in corpus humanum.* Que si on l'étend dans le centuple de son poids d'eau pure, cette liqueur à la dose de 12 onces prise à jeun & suivie d'un peu d'exercice, *cum leni deambulatione*, est apéritive, purgative, diurétique, qu'elle tue & chasse les vers, fortifie les fibres, & guérit par là beaucoup de diverses maladies, *multos hosque diversissimos morbos sanat. Elementa Chemiæ, H. Boerhaave Proc.* 142. *usus.* Et les Auteurs qui comme Cartheuser ont redouté l'usage intérieur des vitriols, ont excepté le très-pur vitriol de Mars; (*J. F. Cartheuser Fund. materiæ Med. Sect. VI, Cap. VI, §. VI.*) Or le vitriol des Eaux de M. DE CALSABIGI est très-pur, plus pur que celui de Riviére & que celui de Boerhaave, & il est contenu dans ces eaux en une quantité près de quatre fois moindre que dans la dissolution de Boerhaave, ensorte qu'il faut environ trois livres de ces eaux pour répondre aux douze onces auxquelles Boerhaave fixe la dose ordinaire de son eau factice. Au reste, cette derniére liqueur est trop chargée de vitriol.

Quant à l'acide vitriolique nud que ces eaux renferment aussi, il n'y est contenu qu'en une proportion à peu près pareille à celle à laquelle on le mêle au juleps *aigrelets*, usités dans les maladies inflammatoires; ainsi il est démontré

montré par cet uſage qui eſt ancien dans l'art, qu'on ne ſçauroit attribuer aucun danger abſolu à ce principe, dans l'uſage intérieur.

47°. On peut ſe flatter encore d'employer ces Eaux avec ſuccès dans pluſieurs affections extérieures, ſçavoir les vieux ulcéres fongueux & abreuvés, les ulcéres putrides & ſcorbutiques de la bouche, la moleſſe, la blancheur blafarde des gencives, les ophtalmies ſéreuſes, &c.

48°. Au reſte, c'eſt aux obſervations à confirmer & à étendre tous ces uſages ; à la rigueur le Chimiſte a rempli ſa tache ſur un reméde nouveau dont on ſe propoſe d'enrichir la matiére médicale, lorſqu'il en a révélé la compoſition aux Praticiens.

A Paris, le 14 Mai 1755.

Signés à l'Original. VENEL, BAYEN.

APPENDICES.

Au §. 13. on a dissous dans six onces de l'Eau Minérale examinée un demi-grain de vitriol de cuivre; on a mis dans cette liqueur, à froid, une lame de couteau; & en moins de demi-heure, le bout de la lame a été couvert d'une couche très-sensible, quoique légére, de précipité de cuivre. Il est permis de regarder cette expérience comme un complement absolu de la preuve de l'absence du cuivre, alléguée dans le §. cité.

Au §. 36. en précipitant les eaux examinées, avec les trois alkalis, & avec la noix de galle, on a fait plusieurs observations, qui ont paru utiles en soi, & surtout relativement à l'Analyse des Eaux Minérales par les réactifs, quoiqu'on les ait cru peu nécessaires à l'établissement de la nature du sujet particulier sur lequel elles ont été faites. Voici celles de ces observations que nous croyons bon de publier dès à présent :

1°. Quarante-huit grains d'alkali fixe de tartre purifié, versés, soit d'un seul coup, soit grain à grain dans 40 onces d'Eau de M. de Calsabigi, les précipitent sur le champ ; mais le précipité est est redissous un instant après, & la liqueur reprend sa température ; sa couleur devient seulement plus saturée.

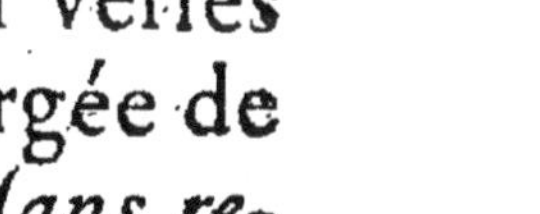

2°. Deux grains d'alkali versés dans cette liqueur déja chargée de 48 grains la précipitent *sans retour*.

3°. Si on garde la liqueur qui a été précipitée & rétablie, au bout de quelques heures elle a essuyé une précipitation spontanée. Ce nouveau précipité eſt conſtant ; il n'eſt plus ſoluble par la liqueur qui l'a fourni.

4°. Cette derniére précipitation n'eſt pas complette, il faut encore employer un gros du même alkali pour l'obtenir entiére & abſolue.

5°. On a tenté les mêmes expériences ſur l'eau-mere de vitriol, ſur une diſſolution de vitriol de Mars des boutiques, & ſur une diſſolution de vitriol natif. Les deux premiéres liqueurs ont donné un précipité inſoluble; la diſſolution de vitriol natif a préſenté les mêmes phénoménes que l'Eau de M. de Calsabigi.

6°. L'Alkali de ſoude, & l'alkali-volatil produiſent à peu près les mêmes effets.

ANALYSE
DE
L'EAU MINÉRALE

De Monſieur & de Madame DE CALSABIGI, *nouvellement découverte en leur Maiſon de Paſſy, par M.* ROUELLE, *Apoticaire de la Ville de Paris, Démonſtrateur de Chimie au Jardin Royal, & Membre de l'Académie Royale des Sciences.*

L'EAU de Monſieur & de Madame DE CALSABIGI eſt un peu colorée. Elle a un goût tel qu'une diſſolution foible de vitriol martial; gardée, elle n'éprouve aucun changement; elle ne précipite rien, & elle a préciſement la même ſaveur, que lorſqu'elle eſt nouvelle.

Deux gros de Syrop de violette mêlés avec ſix onces de cette Eau, elle a pris une couleur verte un peu foncée.

Deux gros d'une infuſion d'un gros de noix de galle, faite dans une once d'eau filtrée & mêlée avec l'Eau Minérale à la quantité de ſix onces, elle a pris une couleur preſqu'auſſi forte que l'encre, puiſqu'en écrivant avec, l'écriture étoit très-viſible. Ces expériences démontrent le fer dans cette eau.

Huit onces de l'eau bouillie l'eſpace de dix minutes dans un poëlon d'argent, elle s'eſt troublée de plus en plus & a dépoſé beaucoup d'une poudre, ou précipité martial d'une légére couleur de rouille de fer; & lorſque l'Eau a été refroidie, ce précipité a la couleur de l'ocre. L'odeur que répand cette eau en évaporant, eſt telle que celle d'une dissolution de vitriol martial.

Cette Eau Minérale qui a ainsi bouilli & reposé pendant vingt-quatre heures, a perdu sa couleur ; elle est devenue très-claire. On a pris deux onces de cette eau à laquelle on a mêlé douze ou quinze goutes d'infusion de noix de galle, elle est devenue presqu'aussi noire qu'avant de bouillir.

Cette expérience fait voir que tout le fer ne se précipite pas par ébullition, comme dans la plupart des eaux martiales ordinaires qui ne noircissent plus avec la noix de galle.

Vingt à trente goutes d'alkali fixe tombé en *deliquium*, ou dissous dans de l'eau mêlée avec six onces de l'Eau minérale, l'ont troublée ; elle s'est épaissie & a pris une couleur de brun foible, un quart d'heure après, le précipité est tombé. Ces phénoménes ſont les mêmes qu'avec une diſſolution de vitriol de Mars étendu de beaucoup d'eau.

La diſſolution d'argent dans l'acide nitreux ou l'eau forte mêlée à la quantité de quelques goutes à ſix onces de l'Eau Minérale, l'a troublée, & lui a donné une couleur opale aſſez foncée : peu après le précipité s'eſt formé.

L'acide vitriolique, l'eſprit de nitre, & celui du ſel n'altérent point cette eau ; ils lui font ſeulement perdre ſa couleur.

Réſultat de l'évaporation de l'Eau Minérale.

On a évaporé quarante - deux pintes de cette eau au Bain-Marie dans des vaiſſeaux de verre ; elle a donné un réſidu qui peſe cinq onces deux gros. Il eſt d'une couleur jaune ſale ; il attire l'humidité de l'air, comme fait l'eau-mere du vitriol desséché ; il a un goût stiptique comme le vitriol de Mars. Cette eau donne un gros de matiére par livre.

Les acides du nitre, du sel marin & du vitriol, mêlés à ce résidu, ne produisent presqu'aucun effet.

On a fait dissoudre une once de ce résidu dans quatre onces d'eau distillée chaude, & on a filtré la liqueur refroidie, puis on a peu-à-peu versé avec de l'alkali fixe tombé en *deliquium*, jusqu'au point de la saturation ; il s'est fait une effervescence, & il est tombé un précipité d'une couleur de rouille de fer. Cette dissolution filtrée a été mise à évaporer jusqu'à siccité ; pendant l'évaporation, elle a encore déposé du fer. Cette substance a été de nouveau dissoute dans trois onces d'eau distillée, bouillante & filtrée. Le précipité de cette nouvelle dissoſution joint avec celui de la première ; peſe cinquante-ſix grains. Il eſt tel que celui que l'on fait avec le vitriol de Mars. La nouvelle ſolution a été évaporée ſur le bain de ſable, & on l'a miſe à criſtalliſer. Il a paru d'abord un ſel en aiguille ; ce ſel eſt formé par l'union de l'acide vitriolique à une terre alkaline, telle que la craie. La liqueur ſéparée de ce ſel, évaporée & miſe de nouveau à refroidir & à criſtalliſer, a fourni du tartre vitriolé qui eſt un ſel formé par la combinaiſon de l'alkali fixe & de l'acide vitriolique qui eſt dans l'Eau Minérale unie au fer.

On a verſé ſur ce ſel un peu d'acide vitriolique concentré ; il s'eſt excité une légére efferveſcence, & il s'eſt élevé quelques vapeurs d'eſprit de ſel. Il eſt plus facile de démontrer l'acide du ſel ainſi uni à l'alkali fixe, que de le faire voir dans la premiére matiére restante de l'évaporation de cette eau, puisque l'acide vitriolique versé dessus n'a presque rien fait voir.

Une demi-once de ce même résidu a été dissoute, précipitée avec le sel de soude & cristallisée de même que dans l'expérience précédente, & a donné des cristaux de sel admirable de Glauber.

Ces expériences démontrent que dans ces sortes d'eaux l'acide vitriolique est uni au fer, & forme une substance vitriolique.

On a distillé par la retorte, au feu de sable, une demi-once de ce résidu avec égale quantité d'eau, & un gros d'acide vitriolique. La premiére portion de liqueur qui a passé, étoit légérement acide, & elle sentoit un peu l'esprit de sel. Cette expérience & celle de ci-devant, font voir qu'il y a très-peu d'acide, ou d'esprit de sel dans cette eau.

Examen de la partie terreuse qui n'est point dissoute par l'eau.

On a fait un mêlange d'une demi-once de ce résidu, ou précipité avec une once & demie de sel de tartre ou d'alkali fixe, & vingt-quatre grains de charbon en poudre. On a mis ce mêlange dans un creuset exactement fermé. Il a été poussé à un feu de fusion pendant douze à quinze minutes, & après l'avoir versé dans un mortier net, on l'a dissous dans quatre onces d'eau bouillante. Cette liqueur étant filtrée, on y a mêlé peu-à-peu sept à huit onces de vinaigre distillé. Il s'est fait une vive effervescence, & il s'est répandu une légére odeur de foie de soufre; ce qui démontre qu'il y a dans ce résidu un peu d'acide vitriolique uni à une terre abſorbante qui forme le ſel que l'on appelle ſéléniteux.

A un demi gros du réſidu terreux, on a mêlé égale quantité d'acide vitriolique & un gros & demi d'eau; il n'a paru aucune effervefcence. On a fait bouillir ce mêlange ſur le feu, l'acide vitriolique a diſſous le fer qui fait la couleur jaune, & il reſte une poudre blanche qui eſt la terre abſorbante unie à l'acide vitriolique. Si à cette nouvelle diſſolution on ajoûte de l'alkali fixe diſſous, on précipite le fer de nouveau.

L'acide nitreux & celui du ſel agiſſent peu ſur cette matiére; ils extraient ſeulement un peu de fer.

Ce réſidu, couleur d'ocre, pouſſé au feu dans un creuſet, devient d'un rouge affoibli par la terre abondante qui eſt mêlée avec lui.

Il conſte par toutes ces expériences que cette Eau Minérale contient beaucoup de fer uni à l'acide vitriolique, dans l'état de l'eau-mere de vitriol ; elle contient auſſi un peu d'acide vitriolique uni à une terre abſorbante qui forme un ſel neutre que l'on appelle ſéléniteux, & un autre ſel formé par l'union de l'eſprit de ſel à une terre abſorbante de la nature de la craie.

Signé à l'Original, ROUELLE.

ANALYSE CHIMIQUE FAITE

PAR LE SIEUR CADET, Apoticaire - Major de l'Hôtel Royal des Invalides, d'une Eau Minérale nouvellement découverte à Paſſy, dans la Maiſon de Monſieur & de Madame DE CALSABIGI.

1°. L'EAU Minérale de M. DE CALSABIGI ſortant de ſa ſource eſt très-claire, diaphane, & elle n'eſt pour ainſi-dire, point colorée ; au bout de quelque temps elle acquiert une foible couleur jaune ſans perdre de ſa tranſparence.

2°. Cette eau paſſée par une étamine en ſortant de ſa ſource, après avoir été agitée & secouée de temps-en-temps pendant 15 jours, n'a donné au bout de ce temps aucun sédiment.

3°. Elle m'a paru d'un goût acide très-acerbe, stiptique & vitriolique.

4°. La premiére expérience que j'ai faite avec la noix de galle, m'a prouvé que cette Eau Minérale contenoit beaucoup de fer, vû l'intensité de bleu qu'elle a pris avant de passer au noir.

5°. Pour m'assurer si elle ne contenoit pas du cuivre, je l'ai essayée avec l'alkali volatil ; je n'ai apperçû aucun atome de bleu qui pût me faire soupçonner qu'il y eût de ce métal, la liqueur au contraire a fait un précipité de couleur verte très-foncée.

6°. J'ai fait les même essais avec l'alkali fixe, qui n'a produit d'autre différence qu'en que ce précipité a paſſé à une couleur d'un vert ſale.

7°. L'Eau Minérale de M. DE CALSABIGI donne avec l'eau de chaux nouvelle un précipité jaune très-foncé.

8°. Cette Eau Minérale paſſée légérement avec un pinceau ſur le papier à ſucre, change ſa couleur bleue en un rouge foible.

9°. Ces expériences préliminaires n'étant point aſſez convaincantes, & voulant pouſſer plus loin mes recherches ſur cette Eau Minérale, j'ai mis évaporer dans une étuve au-deſſus des Fours de l'Hôtel Royal des Invalides, de l'Eau Minérale de M. DE CALSABIGI, dans des capſules de verre plates, la chaleur de l'étuve étoit à 60 degrés ſuivant le thermométre de mercure de M. PAGNY, gradué ſelon M. DE REAUMUR; j'ai remarqué à meſure que l'évaporation s'en faiſoit, qu'il ſe formoit autour de la capſule une croute ſaline très-blanche, qui en ſe deſſéchant acqueroit une couleur d'un petit jaune citron. Cette croute ſaline eſt d'un goût très-acerbe & ſtiptique ; elle laiſſe enſuite ſur la langue une matiére talqueuſe qui ne s'y fond pas. Dans le fond de la capſule, il ne s'eſt formé aucun précipité pendant tout le temps de l'évaporation ; j'ai continué d'évaporer l'Eau Minérale ; ſur la fin de l'évaporation, elle a un peu bourſoufflé & a laiſſé un ſel vitriolique, détaché par petits grains d'une couleur citrine, extrêmement acerbe & ſtiptique au goût ; du milieu de ces grains en continuant l'exſiccation au même dégré de chaleur, on voyoit ſortir de petites éguilles en forme de grouppes. Ce ſel s'humecte à l'air très-facilement & ſe diſſout parfaitement dans l'eau, ainſi que dans les trois acides minéraux ; à l'exception pourtant de ces petites éguilles qui y ſont inaltérables. La diſſolution de ces ſels dans les acides minéraux étendus avec une petite quantité d'eau eſt précipitée en un jaune très-foncé par l'alkali volatil, & la même diſſolution noyée dans une grande quantité d'eau eſt précipitée de même par l'alkali fixe.

10°. J'ai répété pluſieurs fois la même évaporation au même degré de chaleur dans différens vaiſſeaux plats, elle m'a toujours réuſſi ſans que la liqueur ait donné le moindre précipité ni même ſe ſoit troublée.

11°. L'Eau Minérale miſe dans le même temps & au même degré de chaleur à évaporer dans des cucurbites de verre un peu élevées, s'eſt décompoſée en dépoſant aux parois des vaiſſeaux une matiére colorée très-adhérente, d'une belle couleur d'or, qu'il sembloit qu'on eût appliquée avec art ; elle précipite ensuite une terre jaune martiale.

12°. Ayant reconnu que le degré de chaleur & la forme des vaisseaux produisoient des changemens aussi essentiels pendant l'évaporation, j'en ai tenté une nouvelle de six pintes d'Eau Minérale à feu nu dans un vaisseau de terre de Champagne, dont les bords étoient un peu élevés ; dans le commencement de l'évaporation la liqueur s'est sensiblement troublée & a précipité dans l'instant de l'ébullition une terre d'un très-beau jaune, il s'est précipité ensuite une terre beaucoup plus pâle que la premiére. Cette différence n'est dûe qu'à une terre blanche talqueuse, qui s'est jointe au second précipité ; j'ai fait évaporer la liqueur jusqu'à un certain point, je l'ai laissé reposer un instant pour la tirer à clair, je l'ai mise à cristalliser sans avoir eu de cristaux ; j'ai continué à l'évaporer, & j'ai vû se former à la surface une pellicule qui se précipitoit pour se réformer de nouveau ; sur la fin de l'évaporation la matiére a boursoufflé. J'ai obtenu alors un sel vitriolique tirant sur le jaune, qui s'est humecté à l'air facilement, & qui après s'y être desséché de lui-même, a repris une couleur d'un jaune plus foncé.

13°. J'ai tenté de nouvelles expériences par la distillation dans le commencement de l'opération, je n'ai retiré que du flegme, ensuite quelques goutes de liqueur acide, auxquelles ont succédé immédiatement trois ou quatre goutes d'esprit acide légérement sulphureux ; j'ai apperçu alors au fond de la cornue une masse saline, de laquelle sortoit un groupe de criſtaux parfaitement éguillés qui tapiſſoient auſſi les parois du vaiſſeau ; j'ai ceſſé l'opération. La cornue étant refroidie, je l'ai coupée en forme de capſule pour en ſéparer exactement les criſtaux ; je les ai lavés dans pluſieurs eaux froides, & dans l'eau tiéde pour enlever tout ce qui pouvoit y être ſoluble : les criſtaux en éguille n'ont paru y être aucunement altérés ; j'ai évaporé les lotions , elles m'ont fourni par la deſſication, un ſel de la nature du vitriol martial, & je regarde les criſtaux inſolubles dans l'eau comme une vraie ſélénite.

14°. Cette Eau Minérale paroît être très-chargée de fer ; car la premiére terre jaune que j'ai ſéparée dans le commencement de l'évaporation, dont j'ai parlé *à l'article* 12, après avoir été lavée & légérement calcinée, s'eſt trouvée preſque toute attirable par l'aimant, & étant jettée ſur le nitre fondu dans un creuſet très-rouge, l'a fait fuſer comme peut faire la limaille de fer

15°. La couleur bleue du papier à ſucre changée en un rouge foible, le goût acide qui ſe manifeſte dans les eaux & l'effervefcence ſenſible que produit l'Eau Minérale cencentrée avec les alkalis fixes, la liqueur acide, & l'eſprit acide légérement ſulphureux que j'ai retirés dans la diſtillation, m'ont fait reconnoître une ſurabondance d'acide dans cette Eau Minérale.

16°. Pour m'en aſſurer encore j'ai pris un briquet d'acier poli d'Angleterre, que j'ai mis dans l'Eau Minérale froide, j'ai apperçu au bout d'un inſtant quantité de petites bulles d'air qui s'élevoient de deſſus & de tous les côtés du briquet, leſquelles en ſe rassemblant à côté les unes des autres, paroissoient comme de petits globules. J'ai retiré aussi-tôt le briquet qui s'étoit amolli, & qui portoit une odeur de fer aussi sensible que lorsque l'on jette de la limaille de fer dans l'acide vitriolique pour faire le vitriol martial. Vû l'effet sensible de l'action de l'acide excédent sur l'acier, j'y ai jetté pour cet effet une petite quantité de limaille de fer ; au bout d'un certain temps de digestion, elle a perdu le goût acide & a acquis le goût d'un vitriol martial factice fort chargé de fer. Enfin, cette Eau Minérale par différentes filtrations & évaporations répétées, m'a fourni du vitriol martial pur.

17°. Deux pintes d'Eau Minérale pesant quatre livres, ont fourni 36 grains de terre ferrugineuse, qui calcinée, a été toute attirable par l'aimant.

48. Grains de feuillets ſéléniteux.

54. Grains de ſel vitriolique.

Ce qui fait par conſéquent :

9. Grains de terre ferrugineuſe.

24. Grains de ſélénite.

27. Grains de ſel vitriolique par chaque livre d'Eau Minérale.

18°. Une livre d'Eau Minérale évaporée dans une capſule plate, & non dans un vaiſſeau élevé au même degré de chaleur, dont j'ai fait mention à l'article 9, m'a fourni 60 grains d'un ſel vitriolique de couleur jaune, qui calciné dans un teſt ſous la moufle du fourneau de coupelle, m'a fourni un colcothar d'un très-beau rouge.

19°. L'Eau Minérale de Monſieur DE CALSABIGI m'ayant été envoyée en petite quantité dans le mois de Janvier 1755, comme une nouvelle Eau Minérale étrangére, la petite quantité de liqueur acide que je retirai par la diſtillation à laquelle ſuccédérent trois ou quatre goutes d'un eſprit légérement ſulphureux, ne me permit pas de démontrer par aucune expérience quelles étoient les eſpéces d'acides. M. DE CALSABIGI m'ayant envoyé depuis une plus grande quantité de ces Eaux Minérales que pour lors je ne regardai plus comme une Eau Minérale étrangére, ayant appris qu'elles étoient tirées d'une nouvelle ſource d'Eau Minérale de Paſſy; je les travaillai en grand, je retrouvai juſtes les différens produits tels que je les avois obtenus dans mes Analyſes en petit. Il ne me reſtoit plus qu'à examiner les différens acides que j'ai retirés, dont le premier a été démontré par Meſſieurs VENEL & BAYEN, comme un mêlange d'acide nitreux & marin.

20°. J'ai pris pour cet effet 16

livres d'Eau Minérale que j'ai évaporées dans une étuve sur des assiettes plates de fayance, en consistance d'une matiére syrupeuse; j'ai mis ensuite cette matiére à distiller dans une cucurbite de verre au feu de lampe de quatre méches, dont chacune étoit composée de douze brins; dans le commencement de la distillation, je retirai quelques gouttes d'une liqueur qui étoit insipide à laquelle succéda une liqueur acide, qui par degrés augmentoit d'acidité. Cette liqueur s'est élevée d'abord sous la forme de vapeur d'un rouge très-foible qui remplissoit l'intérieur du chapiteau; ces vapeurs rouges qui portoient une odeur d'acide, tantôt nitreux, tantôt d'acide de sel marin, n'ont duré que six minutes, ensuite le chapiteau s'est éclairci: j'ai continué la distillation au même dégré de feu; lorsque j'ai vû qu'il ne diſtilloit plus rien, j'ai ſéparé cette liqueur acide qui peſoit une once juſte ; je l'ai ſaturée avec de l'alkali fixe de tartre très-pur, l'once de la liqueur acide s'en eſt chargée de ſoixante-ſix grains ; ma liqueur étant parfaitement repoſée, je l'ai tirée à clair, & je l'ai miſe évaporer dans un verre de montre au bain de ſable, à la chaleur d'une méche allumée ; au bout de deux minutes d'évaporation, j'ai vû ſe former quelques petits criſtaux ſéparés les uns des autres qui nageoient à la ſurface de la liqueur. J'ai aſſemblé ces criſtaux qui m'ont paru à la loupe creux en forme de petites trémies quarrées, ils avoient parfaitement le goût du ſel marin, & décrépitoient deſſus les charbons ardens. J'ai continué d'évaporer la même liqueur au même degré de feu ; j'ai vû ſe former encore de nouveaux criſtaux de ſel marin ; j'ai porté pour lors ma petite capsule au frais dessus une assiette de fayance que j'ai entourée de petits morceaux de glace; mes petits cristaux de sel marin qui surnageoient étoient tombés au fond à la faveur du mouvement occasionné par le transport. A mesure que la liqueur s'est refroidie, j'ai vû se former une pellicule de petits grains de sel marin serrés confusément les uns près des autres, & partagés dans quelques endroits par de petites éguilles de nitre, qui s'y étoient cristallisées. Mes évaporations finies, j'ai séparé le plus exactement qu'il m'a été possible mes cristaux, les petites éguilles de nitre ont pesé environ quatre grains, les cristaux de sel marin parfaitement sechés ont pesé 25 grains.

21°. Cette même liqueur acide saturée (dont je viens de parler article 20) avec le sel de soude, ne m'a donné que des criſtaux de ſel marin, ſans aucune éguille de nitre : j'ai pouſſé enſuite le réſidu de ma diſtillation à feu nu. La cucurbite étant échauffée à un certain point, il s'eſt élevé des vapeurs blanches d'une odeur ſulphureuſe qui tomboient en goutes très-claires dans le récipient à meſure qu'elles ſe condenſoient dans le chapiteau ; je continuai la diſtillation juſqu'au moment où je vis paroître quelques goutes d'une liqueur brune qui formoit dans le chapiteau des ſtries huileuſes : à ce degré de feu, ma cucurbite ſe fêla, je raſſemblai ces goutes qui avoient auſſi une odeur de ſoufre, mais plus pénétrante. Cette liqueur me paroît n'être autre choſe qu'un acide vitriolique très-concentré, qui avoit enlevé une portion du phlogiſtique du fer avec lequel il s'étoit uni : la premiére liqueur ſulphureuſe qui étoit très-acide pesoit environ un gros, je l'ai saturée avec le même sel de tartre. Cette liqueur filtrée & évaporée jusqu'à pellicule, a donné constamment jusqu'à la derniére évaporation, du tartre vitriolé en cristaux très-réguliers, sans aucun mêlange de nitre, ni de sel marin. Cette premiére liqueur acide sulphureuse, saturée avec le sel de soude, a donné de très-beau sel de Glauber; & ce même acide combiné avec de la limaille de fer, m'a donné des cristaux de vitriol pur de Mars, d'une belle couleur verte & de figure romboïdale.

Le résidu de la distillation pesoit dix gros, la superficie étoit d'une couleur rouge pâle, & le reste d'un gris de perle, s'humectant à l'air, d'un goût très-acerbe & stiptique.

22°. L'Eau Minérale de M. de Calsabigi, mêlée avec une lessive alkaline chargée du principe ſulphureux, extrait par le feu de matiére animale, m'a fourni un précipité très-bleu, qui ne différe en rien de la beauté du bleu de Pruſſe, ſi ce n'eſt qu'il le ſurpaſſe; les différens moyens que j'ai tentés dans cette opération me feroient entrer dans un détail très-long qui n'eſt point eſſentiel dans cette Analyſe; je me réſerve de donner un Mémoire particulier ſur ce travail, le regardant comme un objet qui pourroit devenir très-avantageux pour la Peinture, &c. dans laquelle on employe cette couleur avec ſuccès. Les Confiſeurs même pourroient alors en faire uſage ſans aucun ſcrupule dans leurs préparations de ſucre où ils employent les couleurs bleues, cette matiére étant tirée d'une Eau Minérale dont les principes vitrioliques ſont prouvés être exempts de tout mêlange de cuivre.

J'ajoûte ici que les Eaux Minérales outre leurs grandes propriétés, ont à raiſon de leur principe l'avantage de pouvoir être tranſportées dans tous les pays les plus éloignés, ſans ſouffrir aucune altération.

J'ai avancé article premier que les Eaux Minérales de M. DE CALSABIGI acqueroient au bout de quelque temps une foible couleur jaune ; j'ai remarqué que cette variation venoit de ce que les eaux avoient été tenues dans un lieu chaud, & que plus la chaleur en étoit grande, plus l'Eau Minérale ſe coloroit ſenſiblement. On ne peut attribuer, je penſe, ce commencement de décompoſition qu'à l'acide vitriolique contenu dans ces eaux qui tend à ſe détacher du fer avec lequel il eſt étroitement uni pour ſe joindre à une terre abſorbente très diviſée, qu'entraîne vraiſemblablement l'eau douce en paſſant ſur les matiéres minérales : mon intention eſt d'examiner plus particuliérement cet effet. Le moyen d'occaſionner la décompoſition dont nous parlons, eſt de chauffer l'Eau Minérale. On y remarque alors un très-petit mouvement d'effervefcence. Dans ce mouvement occaſionné par la chaleur, l'acide vitriolique quitte une partie de ſon fer pour s'unir à la terre abſorbente ; il réſulte de cette nouvelle union un ſel ſéléniteux ; cette ſélénite étant totalement précipitée, l'Eau Minérale conſerve alors un vrai vitriol qui ne ſe décompoſe plus, parce que l'acide vitriolique ne rencontre plus de cette même terre propre à le ſéparer d'avec le fer, & qui occaſionnoit la décompoſition d'une partie du vitriol martial contenu dans les Eaux Minérales.

Cette ſeconde Analyſe de l'Eau Minérale de M. de Calsabigi, ne différant en rien de la premiére que j'avois faite, & ayant obtenu toujours les mêmes produits en grand comme en petit, proportion gardée, je penſe qu'on peut regarder cette Eau Minérale comme chargée de vitriol martial, d'une terre abſorbente, d'un acide vitriolique ſurabondant, d'une très petite portion de nitre & d'un peu plus de ſel marin.

J'ai rempli mon objet en faiſant cette Analyſe de différentes façons avec toute l'exactitude poſſible. C'eſt à Meſſieurs les Médecins à apprécier la valeur de ces nouvelles Eaux Minérales, quant aux vertus Médicinales.

NOUVELLES EXPÉRIENCES FAITES PAR LE SIEUR CADET,

Apoticaire-Major des Invalides, ſur l'Eau Minérale de M. DE CALSABIGI*, pour en tirer le Bleu appellé communément* Bleu de Pruſſe.

J'AI annoncé dans mon Analyſe des Eaux Minérales de M. DE CALSABIGI, que ces Eaux m'avoient fourni un bleu que je prévoyois être fort utile; je me ſuis engagé à donner un Mémoire particulier ſur cet objet, je ne crois pas devoir tarder davantage à m'acquitrer de mon engagement.

La ſuite de mes premiéres opérations m'a naturellement conduit à ce travail, qui d'ailleurs n'en étoit pas un nouveau pour moi. Le célébre M. Geoffroy pere, mon Maître, s'étoit occupé long-temps de cette matiére; il m'avoit communiqué les différens procédés dont il s'étoit servi; M. Macquer, de l'Académie des Sciences, à qui nous devons la parfaite connoissance de la théorie de cette opération, a bien voulu aussi me faire part de son travail; c'est sur les principes de cet habile Chimiste, ainsi que sur ceux de M. Geoffroy, que j'ai établi mes recherches.

Il a été démontré par les Analyses qui ont été faites de l'Eau Minérale de M. DE CALSABIGI, que cette Eau étoit chargée d'un vitriol de Mars, d'un sel séléniteux, &c.

Le bleu de Prusse n'est autre chose qu'un fer très-divisé précipité par l'alkali fixe, en une poudre qui ſe trouve changée dans l'inſtant de la précipitation par un principe ſulphureux, en un bleu plus ou moins foncé ſuivant la portion de terre blanche alumineuſe qui s'y trouve mêlée ; la ſélénite ne différant d'ailleurs de l'alun, que par l'eſpéce de terre qui eſt unie à l'acide vitriolique : l'Eau Minérale dont il eſt queſtion, m'a paru renfermer tous les matériaux propres à fournir un précipité ſemblable au bleu de Pruſſe, en y joignant une leſſive alkaline chargée d'un principe ſulphureux extrait, par le feu, de matiére animale.

J'ai cru m'appercevoir que de tous les alkalis fixes, le ſel de ſoude étoit celui qui a toujours le mieux réuſſi à M. Geoffroy dans les travaux qu'il a tentés ſur le bleu de Pruſſe ; je l'ai préféré à tout autre ſel fixe, à raiſon d'un principe ſulphureux, dont M.

Geoffroy penſe que le kali ſe charge pendant ſa calcination. J'ai reconnu ce principe ſulphureux bien ſenſiblement dans les différentes leſſives que j'ai faites de ſes cendres ; j'ai obſervé que le ſel produit de ces leſſives par l'évaporation dans une marmite de fer acqueroit différentes couleurs ſemblables à celle de la chaux de plomb ; que dans le commencement de l'exſiccation, il prenoit ſouvent une couleur griſe, ainſi que le prend le plomb dans ſa fuſion lorſqu'il perd ſon phlogiſtique pour devenir chaux : que ce ſel pouſſé à un feu plus vif, devenoit d'une couleur jaune qui approchoit beaucoup de celle du Maſſicot, & qu'enſuite le feu étant un peu augmenté, ce ſel paſſoit à une couleur rouge plus foncée que celle du *minium* ordinaire : ce ſel parvenu à cette couleur répand une odeur ſulphureuſe très - pénétrante, & jetté tout chaud ſur un corps froid il prend le jaune du Maſſicot, comme l'éprouve le *minium*, qui perd ſa couleur rouge après avoir été chauffé un certain temps, pour repaſſer à la première couleur qu'il avoit avant d'être *minium* qui eſt celle du Maſſicot: c'eſt à M. Geoffroy le fils que nous avons obligation de ces découvertes ſur le *minium*, dont l'opération ne nous étoit pas parfaitement connue. Il a donné pluſieurs Mémoires ſur l'Analogie du Biſmuth avec le plomb, dans leſquels on voit les principes de cette opération très-bien développés.

Quelques Chimiſtes tant anciens que modernes, ont avancé que le *minium* n'étoit autre choſe qu'un Maſſicot de plomb calciné au feu *de reverbere*, ſur lequel on faiſoit paſſer la flamme du bois, & que par le moyen de cette forte calcination on lui donnoit la couleur rouge: il y a lieu de croire que ces Chimiſtes n'avoient pas exécuté eux-mêmes l'opération telle qu'ils l'ont décrite, car ils ſe ſeroient apperçu qu'elle ne leur auroit pas réuſſi.

Il eſt évidemment démontré que le Maſſicot de plomb n'eſt changé en *minium* que par un degré conſtant de chaleur. Ce degré eſt le 285e du thermometre de Farenheit, & ſi l'on outrepaſſe ce degré de chaleur, on détruit inſenſiblement ſa couleur rouge, pour le faire paſſer à ſa premiére couleur jaune. J'ai perdu de vûe pour un inſtant tous les phénoménes que j'ai remarqués dans la calcination du ſel de ſoude: ce ſel dans l'état de couleur rouge dont je viens de parler ci-deſſus, la perd inſenſiblement par la calcination avec cette odeur ſulphureuſe ſi pénétrante, & demeure d'une foible couleur jaune, qui ſe démontre plus ſenſiblement lorſque ce ſel a pris l'humidité de l'air: tous ces phénoménes méritent la peine d'être éclaircis; je ne ſçais ſi on ne pourroit pas en attribuer la cauſe à la portion de fer qui a été démontrée dans la ſoude, & à une autre portion que la liqueur de ce ſel détache très-ſenſiblement de la marmite lorſqu'elle a été concentrée juſqu'à un certain point. L'on ſçait que le fer décompoſé par l'acide vitriolique ſe trouve toujours ſous la couleur jaune; ne pourroit-il pas ſe démontrer de même avec l'alkali de ſoude? Cette même couleur jaune reverbérée ſous la moufle, prend une couleur rouge. Toutes ces variations de couleurs dans le fer, ne ſeroient-elles pas en partie la cauſe de celle que j'ai obſervée dans la calcination de ce ſel? C'eſt une choſe qui ne peut être démontrée que par un travail ſuivi.

Je me ſuis écarté encore de l'objet de mon travail, mais ſouvent dans nos opérations, nous nous trouvons arrêtés par des phénoménes auxquels nous ne pouvons nous refuſer. Je reviens donc à mon premier objet.

Le ſel de ſoude chargé de ce principe ſulphureux me paroiſſoit le plus propre pour mon opération, & ne voulant pas m'éloigner des proportions décrites dans le Mémoire de M. Geoffroy, j'en ai peſé quatre onces, que j'ai mêlées avec huit onces de ſang de bœuf deſſéché, & je les ai calcinées dans un creuſet au fourneau à vent; j'ai reconnu le point de calcination lorſque la matiére eſt devenue parfaitement rouge, & qu'elle ne rendoit preſque plus de flamme. Je l'ai tirée du creuſet, & l'ai jettée toute rouge dans deux livres & demie d'eau bouillante ; après un demi-quart d'heure d'ébullition, j'ai filtré cette leſſive, j'en ai verſé peu-à-peu dix à douze onces ſur deux pintes d'Eau Minérale très-chaude, obſervant en la chauffant, les précautions décrites dans mon Analyſe article neuviéme pour empêcher qu'elle ne ſe décompoſât par la chaleur. Le réſultat du mêlange de ces deux liqueurs a été un *coagulum* d'un vert obſcur. Nullement ſatisfait de cette couleur, je me ſuis aviſé d'ajouter à ce mêlange de nouvelle Eau Minérale ; je me ſuis apperçû qu'à meſure que j'en verſois, le mêlange prenoit par degré différentes nuances, pour paſſer en dernier lieu à une belle couleur verte d'émeraude ; la liqueur étant repoſée, a conſervé ſa couleur verte & a précipité en peu de temps une fécule qui m'a paru bleue. Je l'ai lavée plusieurs fois avec de l'eau de puits filtrée, je l'ai fait sécher, & elle est restée d'une couleur noire, qui employée dans la Peinture avec un peu de blanc de plomb, a donné des nuances d'un vert de pré.

Cette opération m'a fait observer qu'il falloit employer très-peu de lessive alkaline pour précipiter le fer & la sélénite propre à fournir le bleu, qu'une plus grande quantité ne servoit qu'à précipiter de nouveau fer, qui donnoit à ce *coagulum* ce vert obscur. J'ai répété la même opération en observant sur-tout de mettre très-peu de lessive alkaline, la liqueur a passé tout d'un coup à un beau vert transparent, en précipitant une fécule qui ne différoit point de la premiére. J'ai versé quelques goutes d'esprit de sel sur cette fécule qui a passé sur le champ à une très-belle couleur bleue ; j'ai imaginé de là que le vert n'étoit qu'accidentel, que la sélénite & le fer contenu dans les eaux précipités par l'alkali fixe, &c. étant changé en bleu par le principe sulphureux, suivant la théorie que nous en a donnée M. Macquer, il ne pouvoit y avoir qu'une surabondance de terre jaune ferrugineuse qui n'avoit pû être changée en bleu, & qui avoit communiqué la couleur verte à la fécule, par la raison qu'avec du jaune & du bleu l'on fait du vert.

La suite de ce Mémoire va prouver que mes conjectures ont été justes : pour séparer cette surabondance de fer, j'ai fait chauffer de l'Eau Minérale dans une marmite de fer neuve ; dès le commencement de l'ébullition, elle a pris une couleur jaune très-foncée ; j'ai saisi ce moment pour filtrer la liqueur, & il m'est resté sur le filtre cette terre jaune surabondante que je cherchois : ma liqueur étant parfaitement claire & encore chaude, j'y ai versé peu-à-peu de ma liqueur alkaline sulphureuse, j'ai obtenu à l'instant une fécule d'un très-beau bleu, sans avoir eû besoin d'être *avivée* par les acides, ce qui le rend supérieur au bleu de Prusse ordinaire, qui s'écrase difficilement sous la molette, au lieu que ce dernier est doux au toucher & très-facile à s'écraser sous les doigts. Employé dans la Peinture, il donne un beau bleu très-foncé; M. Boucher Peintre, si connu par ses Ouvrages, l'a employé avec succès. Je regarde aussi comme un avantage très-grand de n'être point obligé de me servir des acides minéraux pour *aviver* ce bleu. Les Artistes qui employent cette couleur dans leurs Ouvrages ne peuvent s'attendre à les voir conserver long-temps leur fraîcheur tant qu'ils ſe ſerviront d'un bleu qui aura paſſé par les acides : car quelques précautions que l'on prenne pour le laver, il en reſte toujours une petite portion qui avec le temps attaque cette couleur & en détruit l'éclat.

Cette obſervation eſt de M. Geoffroy : M. Macquer a pourtant démontré que les acides minéraux ne diſſolvoient ni même n'altéroient point le bleu de Pruſſe par les différentes diſſolutions qu'il en a tentées. Il a remarqué ſeulement qu'ils lui donnoient plus d'intenſité ; il ne prétend pas pour cela contredire le ſentiment de M. Geoffroy, d'autant plus qu'il m'a dit n'en avoir fait aucun eſſai dans la Peinture, & qu'il ne feroit pas impoſſible que l'action de l'air combinée avec celle de l'acide, ne pût à la longue produire une altération

que

que l'acide ſeul n'occaſionne pas d'abord : certainement Monſieur Geoffroy n'a avancé ce fait que d'après l'expérience.

Je crois devoir faire obſerver dans ce Mémoire que pour obtenir la fécule bleue avec la liqueur alkaline ſulphureuſe, il eſt très-important de bien ſaiſir l'inſtant de l'ébullition de l'Eau Minérale, où il ſe fait une ſéparation de terre jaune pour la filtrer, parce que ſi on laiſſe précipiter la ſélénite, on n'obtient qu'une fécule tirant ſur le noir. Cette opération prouve la parité & la néceſſité de la ſélénite, ou de la terre de l'alun dans la compoſition du bleu. J'ai rendu le ſuccès de cette opération encore plus certain, en ajoutant une diſſolution d'alun à l'Eau Minérale dont j'avois laiſſé précipiter la ſélénite; à peine y ai-je verſé de ma liqueur alkaline ſulphureuſe, que j'en ai obtenu une fécule d'un beau bleu, qui n'étoit pourtant pas aussi foncé que celle que j'avois tirée de mes derniéres opérations; j'ai attribué ce changement à une trop grande quantité de terre alumineuse qui avoit été précipitée par l'alkali fixe, & qui avoit étendu davantage les particules de fer changées en bleu. J'ai recommencé l'expérience en ajoûtant moins d'alun à une portion de la même liqueur que j'avois réservée, ma liqueur alkaline sulphureuse, y étant mêlée, j'ai obtenu un bleu beaucoup plus foncé & tel que je le desirois.

Mon objet en traitant ce bleu, étant d'en abreger le travail & de chercher à donner plus de facilité à ceux qui voudroit s'occuper de cette opération, j'aurois bien tenté le procédé de M. Macquer en saturant ma liqueur alkaline sulphureuse de la partie colorante du bleu de Prusse, par le procédé qu'il a donné dans ſon Mémoire à l'Académie, dans la rentrée publique de l'année 1752 ; mais cette opération quoique fort intéreſſante pour la théorie, devenant trop diſpendieuſe dans la pratique, j'ai imaginé d'extraire d'une façon plus aiſée le bleu de ces Eaux Minérales ſans être obligé de ſéparer la terre jaune; j'ai pris pour cet effet environ deux onces d'alun groſſiérement concaſſé, je l'ai fondu dans un demi-ſeptier d'eau bouillante ; j'ai mêlé cette diſſolution avec deux pintes & chopine d'Eau Minérale chauffée ſans precaution; j'ai filtré ſur le champ, enſuite j'y ai verſé peu-à-peu de ma liqueur alkaline ſulphureuſe, telle que je l'ai décrite ci-deſſus, à l'exception pourtant que j'en ai augmenté le poids du ſang de bœuf de deux onces, afin de charger davantage ma liqueur alkaline, de ce principe ſulphureux qui donne le bleu au fer, j'ai obtenu de cette opération une fécule d'un aſſez beau bleu. Je ne déſigne point le poids de la liqueur alkaline qu'il faut y faire entrer, il ſuffit d'en verſer peu-à-peu, & de ceſſer à l'inſtant qu'on s'apperçoit que le bleu qui ſe forme eſt moins beau que celui qui s'eſt précipité le premier. Le mouvement de l'efferveſcence étant fini, la liqueur étant parfaitement repoſée, il faut avoir grande attention de la décanter de deſſus la fécule, & d'en enlever le plus que l'on pourra ; il faut enſuite noyer la fécule dans une certaine quantité d'eau de puits que l'on décantera de nouveau, dès qu'elle ſera devenue claire ; on peut alors mettre égouter la fécule ſur un filtre & la porter enſuite au ſéchoir ; ſi l'on ne prenoit point toutes ces précautions, la premiére liqueur que l'on ſépare de dessus la fécule, ayant une couleur verte transparente, à raison d'une portion de vitriol de Mars, dont elle est encore chargée, cette même liqueur, dis-je, déposeroit avec le temps une portion de terre jaune ferrugineuse qui se mêleroit avec le bleu & qui en altéreroit plus ou moins la perfection.

Ce nouveau travail pourroit encore, s'il étoit nécessaire, servir de preuve à l'existence du vitriol martial pur & de la sélénite dans l'Eau Minérale de Monsieur DE CALSABIGI. Je ne crois pas qu'aucun Auteur ait démontré aussi sensiblement le fer contenu dans aucune Eau Minérale. Le fameux Henckel a bien démontré le fer dans la soude, par la petite portion de bleu qu'il en a tirée : M. Geoffroy, lui-même, d'après le travail de ce fameux Chimiste, a tiré des cristaux de sel de Glauber coloré d'un très-beau bleu de saphir, en versant de l'acide vitriolique sur le sel alkali de soude, cherchant à prouver que sa base étoit la même que celle du sel marin ; mais tous ces travaux n'ont jamais fourni à ces célébres Chimistes une aussi grande quantité de bleu aussi parfait que celle que j'ai retirée de ces nouvelles Eaux Minérales.

Je n'ai point regardé comme inutiles dans ce Mémoire les détails dans lesquels je suis entré ; j'ose me flatter que justement appréciés, ils pourront être de quelque secours à ceux qui s'occupent de la Chimie.

Signé à l'Original, CADET.

ATTESTATIONS & Certificats de Messieurs les Médecins & Chirurgiens, suivant l'ordre dans lequel les expériences ont été faites.

NOUS Conseiller Médecin Ordinaire du Roi, servant par quartier, & ancien Professeur Royal de Médecine en l'Université de Provence, certifie que les Eaux Minérales que Monsieur & Madame DE CALSABIGI ont nouvellement découvertes dans leur maison de Campagne de Passy, nous ont produit des effets très-avantageux dans différentes maladies opiniâtres qui avoient résisté aux remédes ordinaires de la Médecine, quoiqu'employés & prescrits par des personnes de l'Art les plus entendues. Sçavoir dans une diarrhée invétérée, dont M. des Roches de Romieu, rue de la Feuillade, étoit attaqué depuis plus de ſix mois : ce malade étoit exténué, maigre, & ne faiſoit aucune bonne digeſtion ; il avoit une fiévre habituelle & une foibleſſe conſidérable de poitrine qui faiſoit craindre qu'il ne tombât dans l'éthiſie.

Après l'avoir purgé avec une expreſſion de rhubarbe, faite dans une quantité ſuffiſante de décoction, de demi-once de racine de polypode de chêne : nous l'avons mis à l'uſage des Eaux Minérales ci-devant citées, coupées par deux tiers d'eau de riz. Le malade en a reſſenti de ſi bons effets qu'il a été guéri de ſa diarrhée dans moins de 20 jours ; ſon eſtomach a repris ſes fonctions & ſon reſſort, & le malade a paſſé enſuite à l'uſage du lait, qui lui a procuré ſon premier embonpoint. En foi de quoi j'ai donné le préſent Certificat ; à Paris, ce 3 Juin 1755. *Signé* à l'original, FAURE DE BEAUFORT.

Nous Conseiller Médecin ordinaire du Roi, servant par quartier certifions à tous ceux à qui il partiendra, que M. le Chevalier Perrin, Commissaire des Guerres, a usé avec tous les succès possibles des Eaux Minérales de Monsieur & de Madame DE CALSABIGI à l'occasion d'une affection scorbutique dont ledit sieur Perrin étoit attaqué depuis plusieurs années, dont il est entiérement guéri, ayant pris lesdites eaux, soit intérieurement, ou en forme de gargarisme ; ses gencives & ses dents se sont rétablies & affermies. En foi de quoi nous avons donné le présent ; à Paris, ce 10 Juillet 1755. *Signé* à l'original, FAURE DE BEAUFORT.

Nous Conseiller Médecin ordinaire du Roi, ancien Professeur Royal de Médecine en l'Université d'Aix en Provence, & Médecin ordinaire du S. A. S. Monſeigneur le Comte de Clermont, atteſtons à tous ceux à qui il appartient que Madame la Comteſſe de*** a uſé avec tous les ſuccès imaginables, tant intérieurement qu'en injection, des Eaux Minérales de Monſieur & Madame DE CALSABIGI à l'occaſion d'une perte appellée *fluxus albus* & invétérée, dont elle a été entiérement guérie au bout de trois mois qu'elle en a fait uſage. En foi de quoi nous avons fait le Certificat ; à Paris ce 15 Août 1755. *Signé* à l'original, FAURE DE BEAUFORT.

Nous Conſeiller Médecin ordinaire du Roi, ſervant par quartier, ancien Profeſſeur Royal de Médecine en l'Univerſité de Provence, certifions que M. le Comte d'Allion, ci-devant Miniſtre Plénipotentiaire à la Cour de Ruſſie, a usé avec tout le succès possible des Eaux Minérales de Monsieur & Madame DE CALSABIGI, à l'occasion d'un relâchement considérable des gencives qui rendoit toutes ses dents tremblantes & chancelantes, lesquelles ont été affermies par la vertu vulneraire & astringente desdites eaux. En foi de quoi nous avons fait le présent Certificat; à Paris, le vingt Août 1755. *Signé* à l'original, FAURE DE BEAUFORT.

Je soussigné Chirurgien Major, Inspecteur Général des Hôpitaux Militaires, &c. certifie avoir fait prendre avec succès les nouvelles Eaux de Passy, dont la source est chez M. DE CALSABIGI, à un malade qui étoit fort incommodé d'un écoulement opiniâtre à la suite d'une maladie vénérienne; ce 16 Octobre 1655. *Signé* à l'oginal, MORAND.

Je ſouſſigné Maître en Chirurgie, certifie avoir fait faire uſage avec un très-grand ſuccès des Eaux Minérales de M. DE CALSABIGI, à trois malades attaqués chacun d'une gonorrhée qui avoient reſiſté aux remédes généraux. A Paris, ce 20 Octobre 1755. *Signé* à l'original, CADET.

Je ſouſſigné Docteur-Régent de la Faculté de Médecine en l'Univerſité de Paris, Conſeiller Médecin ordinaire du Roi, & de ſon Hôtel Royal des Invalides, certifie qu'ayant fait faire uſage des Eaux de Monſieur & Madame DE CALSABIGI à différens malades attaqués d'hémorrhagies conſidérables, ſaignemens du nez, flux hémorrhoïdiaux très-invéterés, elles ont réuſſi avec tout le ſuccès imaginable. Fait à l'Hôtel Royal des Invalides, ce 20 Octobre 1755. *Signé* à l'original, MUNIER.

Je ſouſſigné Docteur-Régent de la Faculté de Médecine en l'Univerſité de Paris, certifie qu'il y a environ un an que je fus appellé pour voir la nommée Odot demeurant pour lors rue Montmartre, Paroiſſe S. Euſtache, & que je la trouvai dangereuſement malade dans un grenier où elle habitoit, & où je la traitai pendant trois ou quatre jours, après leſquels ſes voiſines me dirent que ladite Odot n'avoit pas les moyens de continuer les remédes que je lui preſcrivois, pour quoi on avoit été obligé d'avoir recours aux Sœurs de la Paroiſſe qui avoient envoyé le Médecin du quartier; depuis ce tems j'ai été quatre ou cinq mois ſans voir ladite Odot, qui eſt venue me conſulter chez moi, je lui ai ordonné pluſieurs ſaignées & remédes pour un vomiſſement de ſang qu'elle avoit à la ſuite de ces remédes ; elle ma dit qu'elle avoit trouvé une Dame charitable qui lui donneroit tous les remédes que j'ordonnerois, sur quoi je lui ai ordonné deux médecines à différentes fois, que ladite Odot ma dit avoir prises ; elle ma déclaré aussi avoir pris deux bouteilles d'Eaux Minérales que ladite Dame, qu'elle m'a dit être Madame DE CALSABIGI, lui avoit fait prendre. Cejourd'hui ladite Odot m'est venue trouver & a requis un certificat de l'état où je la trouve, que je certifie être beaucoup meilleur que dans aucun tems où je l'aie vûe & traitée. A Paris, ce 25 Octobre 1755. *Signé* à l'original, NOUGUEZ D. M. P.

Je soussigné Docteur - Régent de la Faculté de Médecine, certifie avoir fait prendre avec succès les Eaux nouvellement découvertes à Passy dans la Maison de Madame DE CALSABIGI, à un malade incommodé d'un écoulement seminal à la suite d'une gonorrhée ancienne. A Paris, ce 17 Novembre 1755. *Signé* à l'original, LAVIROTTE.

Je soussigné principal Chirurgien de la Salpétriére, certifie que les Eaux de Madame DE CALSABIGI prise en boisson à la dose d'un verre sur cinq d'eau commune, ont arrêté en deux jours une hémoptysie rebelle. Que ces mêmes eaux prises à pareilles doses, ont fait cesser en deux ou trois jours un autre hémoptysie. Que ces eaux prises tant en boisson qu'en injection ont rendu suportable l'état de deux personnes qui périssoient de fleurs blanches. Enfin que deux personnes à qui j'avois lié & fait tomber quatre polypes du nez, ont recouvré une respiration encore plus libre après l'usage de ces eaux, que je leur faisois respirer plusieurs fois dans la journée par le nez. Effet dont on fut redevable sans doute au ton qu'elles rendirent aux fibres trop relâchées & spongieuses de la membrane pituitaire. En foi de quoi j'ai donné le présent Certificat ; à Paris, ce 6 Décembre 1755. *Signé* à l'original, TENON.

Je soussigné Chevalier de Saint Michel, Conseiller Médecin du Roi, Docteur-Régent, ancien Professeur de la Faculté de Médecine de Paris, Censeur Royal, & de la Société Royal de Londres, certifie avoir lû plusieurs Analyses des Eaux Minérales nouvellement découvertes à Passy dans la Maison de M. & de Madame DE CALSABIGI; lesquelles Analyses sont faites avec beaucoup de soin, entre autres celle faite par ordre de M. de Senac, premier Médecin du Roi ; par M. Venel, Docteur en Médecine de la Faculté de Montpellier, & M. Bayen ; j'ai vû avec ſatisfaction que toutes celles qui ont été faites depuis s'accordoient à attribuer à ces eaux une vertu ferrugineuſe & aſtringente très-forte, au point que ces eaux auroient beſoin d'être mitigées avec une quatriéme, ſouvent une cinquiéme partie d'eau commune pour pouvoir être priſes intérieurement, ſelon la nature de la maladie, la délicateſſe de la partie affectée, la complexion plus ou moins délicate des malades, dont le Médecin ſeul peut juger. J'ai tenté de donner de ces eaux à quelques malades, en différens cas de pertes immodérées de ſang, ou de déperditions d'autres humeurs contre nature ; elles ont été d'un ſecours très-efficace à tous ces malades, dont les uns ont été guéris de pertes de sang, & d'autres fort soulagés des écoulemens qu'ils avoient, & rétablis en partie du dessséchement & de la maigreur où ils étoient tombés. En foi de quoi j'ai signé le présent Certificat pour valoir ce que de raison ; à Paris, ce 6 Décembre 1755. *Signé* à l'original, BOYER.

Je soussigné Docteur-Régent de la Faculté de Médecine en l'Université de Paris, Conseiller Médecin ordinaire du Roi & de son Hôtel Royal des Invalides, certifie que le nommé Jean Cuilleau, dit la Jeunesse, ci-devant Soldat au Régiment de Champagne, étant en garnison à Verdun, fut subitement attaqué d'un devoiement en 1752. qu'il a toujours gardé malgré les différens remédes qu'on lui a donnés à l'Hôpital jusqu'au 26 du mois d'Octobre 1755. qu'il a été reçu aux Invalides, & y a été guéri de ſa maladie avec le ſeul uſage des eaux de Monſieur DE CALSABIGI. Fait à l'Hôtel Royal des Invalides ce 8 Décembre 1755. *Signé* à l'original, MUNIER.

Je ſouſſigné Docteur-Régent de la Faculté de Médecine de Paris, certifie avoir vû & traité la nommée Baudot, qui après avoir fait uſage des Eaux Minérales nouvellement découvertes dans la Maiſon de Campagne de Monſieur & Madame DE CALSABIGI, a été guérie d'un vomiſſement de ſang périodique qu'elle avoit depuis très-longtems ; ce qui étoit d'autant plus dangereux qu'il avoit réſiſté juſqu'alors aux remédes généraux, & que la malade ſe trouvoit reduite au dernier degré de maraſme. A Paris, ce 9 Décembre 1755. *Signé* à l'original, MILHIN.

Je ſouſſigné Maître en Chirurgie, reçu à Paris pour les dehors, & de préſent Chirurgien de S. A. Monſeigneur le Prince Louis de Wirtemberg, certifie à tous ceux qu'il appartiendra, qu'à l'exemple de pluſieurs Médecins & Chirurgiens de cette Ville, qui ont fait faire uſage à pluſieurs malades des Eaux Minérales de Monſieur & Madame DE CALSABIGI, avec un ſuccès qui a répondu à leur attente, j'ai ſuivi leur exemple, & elles ont également réuſſi à ma ſatisfaction, ainſi qu'à celle des malades que j'ai traités, qui ſeront ci-après dénommés, en les employant à différens maux, comme playes, ulcéres, galle lépreuſe, & teigne, &c.

Premierement à un Peintre de bâtiment qui avoit eû une éréſipelle au pied gauche qu'il avoit négligée pendant longtems, & qui s'étoit ulcérée avec une demangeaiſon dans toute cette partie qui lui étoit inſupportable, lequel après avoir été ſaigné & purgé, je lui ai fait baſſiner ſon pied pluſieurs fois par jour en y appliquant des compreſſes toujours bien humectées, il s'eſt trouvé guéri après 15 jours d'uſage deſdites eaux, & tous les accidens ont diſparu.

2°. La fille de M. Aubert, Maître Brodeur, rue de Beauregard, âgée de 18 ans environ, avoit une galle lépreuſe répandue par tout ſon corps, laquelle n'avoit encore eu ſes régles qu'une fois ou deux, je lui ai fait faire uſage deſdites Eaux Minérales pendant un mois & demi, à raiſon de trois chopines par jour priſes intérieurement juſqu'à une agréable acidité, & lui ai fait faire des lotions ſur les parties affectées avec cette eau tiéde, & après ce tems elle a eu ſes régles & s'eſt trouvée guérie de ſa galle lépreuſe.

3°. Un garçon Vitrier, travailſant à l'Abbaye de Chelles, de préſent demeurant Cour du Dragon, avoit un ulcére à la jambe gauche, qui lui occupoit depuis la partie moyenne ſupérieure juſqu'à l'inférieur du tibia, & beaucoup de chair livide ; je lui ai fait appliquer des lotions pluſieurs fois par jour & des compreſſes bien imbibées, il a été radicalement guéri après avoir été ſaigné & purgé pluſieurs fois.

4°. La femme d'un Huiſſier à Robe-Courte, demeurant Cour des Fontaines, avoit depuis pluſieurs années un écoulement de fleurs blanches & une perte de fois à autre ; je lui ai fait faire uſage intérieurement deſdites eaux juſqu'à une agréable acidité ; elle s'eſt injectée la partie auſſi entérieurement pluſieurs fois, elle ma déclaré ne plus reſſentir les cuiſſons qu'elle avoit auparavant, elle a été guérie radicalement en 18 jours après l'avoir purgée. A

Paris, ce 14 Décembre 1755. *Signé* à l'original, ROUSSELOT, Chirurgien de S. A. Monſeigneur le Prince Louis.

Je ſouſſigné Docteur-Régent de la Faculté de Médecine en l'Univerſité de Paris, certifie avoir ordonné avec beaucoup de ſuccès les nouvelles Eaux Minérales de Paſſy dans une gonorrhée ancienne. En foi de quoi j'ai délivré le préſent Certificat, pour ſervir à ce que de raiſon; donné à Paris, ce 20 Décembre 1755. *Signé* à l'original, DE GEVIGLAND.

Je ſouſſigné Maître en Chirurgie & Chirurgien de la Maiſon de Bicêtre, certifie que les Eaux de Paſſy qui appartiennent à Madame DE CALSABIGI, ont produit des effets merveilleux ſur pluſieurs malades attaqués de ſcorbut porté au plus haut degré, & qu'ils ont guéri beaucoup plus promptement qu'avec les remédes ordinaires. En foi de quoi j'ai ſigné le préſent ; fait à Bicêtre le 22 Février 1756. *Signé* à l'original, THOMAS.

Nous ſouſſigné Docteur en Médecine & premier Médecin de S. A. S. Monſeigneur le Duc d'Orléans, certifions avoir fait uſage de l'Eau Minérale de Paſſy de la ſource de M. DE CALSABIGI pour un écoulement ſeminal à la ſuite d'une gonorrhée virulente qui duroit depuis longtems, pour lequel on avoit employé inutilement pluſieurs autres remédes, laquelle eau nous avons d'abord coupée de trois quarts d'eau commune ſur un quart de ladite Eau Minérale, nous l'avons enſuite coupée de deux tiers, & enfin de moitié, dont la malade en buvoit d'abord une pinte, & enſuite deux pintes tous les jours au matin à jeun,

jeun, lequel écoulement a cessé entiérement au bout de 15 jours & n'est pas revenu depuis. Nous avons de plus observé que le malade qui en a fait usage n'en a senti aucuns fâcheux effets, comme pesanteur d'estomach, nausées, cette eau ayant passé facilement par les urines. En foi de quoi nous avons donné le présent Certificat, au Palais Royal ce premier Avril 1756. *Signé* à l'original, PETIT.

Je soussigné Chirurgien ordinaire du Roi, servant par quartier, Membre de l'Académie Royale de Chirurgie, certifie avoir conseillé à plusieurs malades de prendre des Eaux de Madame DE CALSABIGI, & qu'ils s'en sont bien trouvés. A Paris, ce 10 Mai 1756. *Signé* à l'original, DARAN.

Nous soussignés, certifions avoir fait l'analyse & examiné par plusieurs expériences les Eaux Minérales trouvées à Paſſy dans le jardin de Monſieur & de Madame DE CALSABIGI quelque tems après leur découverte ; nous les avons jugé être chargées d'une très-grande quantité de ſel vitriolique, martial, & ſéléniteux, exempt abſolument de cuivre, & nous n'avons connoiſſance d'aucune Eau Minérale qui en contienne autant ; en conſéquence nous avons conjecturé qu'elles devoient être aſtringentes, apéritives & convenables dans les maladies qui dépendent du relâchement des fibres, & dans la plûpart des cas où il faut rétablir le reſſort des parties, comme dans les hémorrhagies, dans les pertes de ſang de la matrice, les fleurs blanches, les gonorrhées ſimples & les écoulemens ſéreux opiniâtres qui reſtent après les gonorrhées vénériennes, les employant toutefois avec précaution, & en les coupant avec une quantité proportionnée d'eau commune. En effet nous les avons employées l'année derniére avec ſuccès pour Madame Fauquel, âgée de quarante-ſix ans, épouſe de M. Fauquel, Officier de la Chambre de S. A. S. Monſeigneur le Duc d'Orléans, qui avoit une perte de ſang habituelle depuis environ trois ans, ſuite du derangement de ſes régles. Cette perte revenoit par accès aſſez fréquens, & la malade perdoit une ſi grande abondance de ſang qu'elle ſe trouvoit ſouvent au riſque de la vie par les grandes ſyncopes dans leſquelles elle tomboit; elle étoit accompagnée de douleurs très-vives à la tête, & aux lombes, d'une tenſion douloureuſe dans tout l'abdomen, principalement au côté gauche. Ayant fait faire nombre de ſaignées & pluſieurs autres remédes inutilement, nous lui avons conſeillé l'uſage deſdites eaux, en commençant par en donner un demi-ſeptier, auquel on mêloit trois demi-ſeptiers d'eau commune; elle a continué cette pinte d'eau ainſi préparée pendant huit jours tous les matins, au bout duquel tems voyant que ladite eau paſſoit bien, ne cauſoit aucune incommodité à la malade, qu'au contraire la perte & les autres accidens diminuoient, nous lui en avons fait prendre une pinte coupée de moitié eau commune que nous avons fait continuer encore huit jours, pendant lequel tems la perte s'eſt arrêtée entiérement ainſi que les douleurs & les autres ſymptômes; après quoi nous avons interrompu leſdites eaux pendant quinze jours, pendant lequel tems les régles ſont revenues dans leur quantité ordinaire, & la malade s'eſt trouvée en très-bon état; le viſage qui étoit extrêmement pâle & bouffi est revenu dans son état naturel; toutes les douleurs se sont dissipées, ses forces & son appetit se sont rétablis; cependant pour empêcher le retour de la perte, nous lui avons conseillé d'en faire usage encore pendant 15 jours, & d'en boire une pinte, de jours à autres, coupée de moitié eau commune, comme ci-dessus, ce qui a achevé de rétablir entiérement sa santé, au point qu'elle a été reglée quatre ou cinq mois de suite, que depuis ce tems les régles ont cessé d'elles-mêmes sans aucun accident, & qu'elle a joui d'une assez bonne santé sans aucun retour de la perte. Nous avons eu seulement attention de la purger quelques fois pendant l'usage desdites eaux, & de la faire saigner du bras ensuite par précaution.

Dans le même tems nous avons

aussi employé ces mêmes eaux dans un écoulement opiniâtre resté d'une gonorrhée virulente qui avoit été traité très-longtems par les meilleures méthodes, dans un homme d'environ quarante ans, auquel nous avons fait faire usage desdites eaux depuis une jusqu'à deux pintes par jour pendant un mois à plusieurs reprises, avec les précautions ci-dessus, c'est-à-dire, d'ajouter les trois quarts d'eau commune, ensuite le tiers, & enfin moitié; l'écoulement a cessé peu à peu sans que le malade en ait senti aucun mauvais effet, ni à l'estomach ni à la poitrine, & l'écoulement n'a point reparu depuis, le malade ayant toujours joui depuis ce tems d'une très-bonne santé. A Paris, ce 13 Mars 1757. *Signés* à l'original; Petit, premier Médecin de Son Altesse Sérénissime Monseigneur le Duc d'Orléans; Petit fils, Mé decin ordinaire de Son Alteſſe Séréniſſime Monſeigneur le Duc d'Orléans.

La reputation que ſe fait de jour en jour l'Eau Minérale de Monſieur DE CALSABIGI, m'engagea au mois de Février 1756, d'en donner à une perſonne de nom, qui avoit eu le malheur de gagner une galanterie; il en étoit guéri, à cela près d'un vice local, il avoit vû beaucoup de gens de l'Art ſans qu'on pût le guérir; il m'envoya chercher le deux Février 1756. après lui avoir ordonné les remédes généraux, je lui fis prendre l'Eau Minérale de M. DE CALSABIGI, à la doſe de ſix onces dans trois demi-ſeptiers d'eau pour chaque jour, ce qu'il a continué 15 jours; au commencement de Mars je fis mettre ſur les trois demi-ſeptiers d'eau huit onces d'Eau Minérale de Monſieur DE CALSABIGI; j'ai fait continuer cette boiſſon tout le mois de Mars, & le malade a été parfaitement guéri ; ſon eſtomach, qui étoit toujours derangé, va parfaitement bien ; il n'a plus ni vents ni peſanteurs ; il vante à tous ſes amis les bons effets des Eaux Minérales de Monſieur DE CALSABIGI ; c'eſt un témoignage que je dois rendre au Public. En foi de qûoi j'ai donné le préſent Certificat ; à Paris, ce 13 Mars 1757. *Signé* à l'original, CHEVALIER, Docteur-Régent de la Faculté de Médecine en l'Univerſité de Paris.

J'ai ſouſſigné Chirurgien Aſpirant à la Maitriſe, certifie que les nouvelles Eaux de Madame DE CALSABIGI ont guéri radicalement un écoulement vénérien qui duroit depuis deux ans ; c'eſt pourquoi je lui ai délivré le préſent Certificat pour lui ſervir au besoin. A Paris, ce 12 Mars 1757. *Signé*, à l'original, DE BAUVE.

Je certifie & déclare qu'une femme nommée Dubar, âgée de 49 ans, a eu pendant deux ans & demi une perte continuelle, qui la rendoit si foible qu'elle ne pouvoit, non seulement marcher, mais même se tenir debout; elle respiroit avec tant de difficulté qu'elle étoit à chaque instant prête à suffoquer; elle avoit tantôt des syncopes & tantôt des accès hystériques si violens qu'elle étoit pendant une & deux heures sans connoissance & dans une espéce de léthargie; elle ressentoit dans toute la région lombaire une douleur très-violente qui devenoit alternative à la tête; elle se plaignoit du bas ventre, des intestins, d'une pesanteur & d'un gonflement à l'estomach; le pouls débile & souvent intermittent. Après avoir essaié sans succès dans cet intervalle tous les remédes dont on peut user en pareille occasion, a peu à peu récouvré une santé parfaite par l'usage des Eaux Minérales de Passy, de Madame DE CALSABIGI, continuées pendant cinq semaines tous les matins à jeun, un bouillon demi-heure après. En foi de quoi j'atteste le présent Certificat véritable pour servir & valoir à madite Dame ce que de raison; à Paris, ce deux Avril 1757, DELEAU, D. M.

FIN.

TABLE

TABLE.

Fin de la Table.

www.ingramcontent.com/pod-product-compliance
Ingram Content Group UK Ltd.
Pitfield, Milton Keynes, MK11 3LW, UK
UKHW021051260726
13994UKWH00002B/510

9 782329 153681